广州白云国际会议中心国际会堂及配套工程系列丛书

云珠璀璨
广州白云越秀万豪复合型酒店群

越秀集团　编著

中国建筑工业出版社

总顾问： 何镜堂

组委会

主　任：张招兴

副主任：林昭远　林　峰　黄维纲

委　员：陈志飞　王文敏　杜凤君　江国雄　王荣涛　洪国兵　李智国

编委会

主　任：黄维纲　郭秀瑾

副主任：季进明　李力威　梁伟文　马志斌　丘建发　胡伟坚　叶劲枫

　　　　彭　涛　迟为民　盛宇宏　范跃虹　白宝军

委　员：唐昊玲　张　黎　梁灵云　钟大雅　吴永臻　杜志越　吴　霆

　　　　刘　刚　符传桦　薛卫文　胡展鸿　曾　江　黄芷珊　张正西

　　　　王明超　陈天生　周陈发　盛建需　胡　玲　李承蔚　胡　芳

　　　　吴翠毅　李昭仪

序一　Foreword

广州白云越秀万豪复合型酒店群是提升广州国际会议接待能力，打造会展之都的重要设施，建成后成为展示广州国际都市魅力、展现岭南地域文化的新名片，对广州城市高质量发展具有重要意义。参与广州白云越秀万豪复合型酒店群的设计与建造，既是光荣使命，也是重大责任。

一个好的建筑作品必须有好的创作思想和理念，建筑设计要有整体观和可持续发展观，体现地域性、文化性、时代性的和谐统一。在酒店群项目设计中，我们注重对地域性、文化性、时代性的发掘与融合；注重在时空文脉上的整体观和可持续发展观，充分彰显中国文化底蕴、岭南地域特征、时代发展主题，在白云新城核心中轴线上打造现代岭南、开放共享、绿色生态的城市客厅。

酒店群以"珠水云山、园聚岭南"为核心理念，通过规划布局保留东西向白云山景观视线通廊，延续白云新城南北向中轴空间序列，传承广州"青山半入城"的山城相依城市格局，将白云山景引入酒店内部园林。酒店群公共商业服务设施依托中央绿轴园林于两侧布置，形成收放有致、开合交融的城市会客厅，将酒店东、西两部分连成一体，既激发了周边社区的城市活力、丰富了市民日常的活动模式，也增加了酒店对外的商业界面、提升了酒店服务配套的商业价值，实现城市与酒店的双赢。

借鉴传统岭南水乡印象中老百姓在田陌旁、池塘边、屋檐下、榕树头、广场上聚集聊天、讲古、聚餐等风情画卷，在中区打造开放共享的大型岭南园林空间，依托景观空间布置入口水院、婚礼草坪、休闲台阶、流瀑水池、观景休息区等公共活动场所，打造宜赏、宜游、宜聚、宜宿的岭南传统文化体验高地。

广州白云越秀万豪复合型酒店群的顺利落成有赖多方参与设计和建设的辛勤付出。越秀集团以优秀国企的高度责任感有效组织项目建设，联合设计团队始终以全情投入设计工作，各参建单位密切配合、齐心协力推进项目建设，并在重要环节得到相关专家和社会各界的献计献策，艺术家和文化学者的建议使项目的文化内涵和艺术表达更为丰富。这种广泛而充分的合作保障了项目的高品质落地和完美呈现。

广州白云越秀万豪复合型酒店群的正式运营将大大提升广州国际会议的接待能力，为广州建设成为国际交往中心提供战略支撑。通过此书，我们希望能够与各位读者分享广州白云越秀万豪复合型酒店群的美好影像，让大家可以沉浸式体验"现代中式岭南风"园林建筑的精美。

何镜堂
中国工程院院士
华南理工大学建筑设计研究院首席总建筑师

序二　Foreword

作为肩负使命的城市运营商，越秀集团始终秉承国企的担当和责任，在白云新城增添了一笔浓墨重彩的辉煌篇章。越秀集团于 2020 年 3 月集结优质资源，组建广州裕城房地产开发有限公司，打造商务酒店群等公共精品工程建设项目，完善广州云山珠水的自然生态格局，进一步向世界展示深厚的海丝贸易人文历史和卓越的营商环境。项目以"中国典范工程"为建设目标，开局见证胜局。越秀集团以优秀的建设实力和管理能力，一路匠心匠造，砥砺奋进，攻克多重建设困难，怀抱"以变应变，爱拼敢赢"的精神内核，齐心合力，将精益管理深入贯彻到品质管控、成本管控和专业管控工作中，积极应对各项挑战，敢为人先，拼搏进取。

　　总历时 18 个月的建设历程既跋涉艰险，也硕果累累。随着项目效果在社会上备受赞誉，更在业界树立了不可动摇的标杆地位，我看到团队默默的耕耘和许多不为人知的困难，也感受到大家的阳光和坚持。辉煌成绩来之不易，它建立在公司独特的项目管理体系之上，也是个人坚持、团队合作与后台支持共同作用的结果。团队每一位成员都获得了全面的锻炼，培养了全专业的协调能力，这是他们职业生涯中的珍贵磨砺。越秀集团创造了一队打硬仗的不败之师，他们不负城市建设的重托，为广州留下了宝贵的建设经验，期望在未来助力广州城市发展战略中续写新的辉煌篇章。

黄维纲

越秀集团广州市城市建设开发有限公司副总经理

广州裕城房地产开发有限公司总经理

目 录 Contents

第一篇　筑造南粤　建筑篇

壹	纵横概览	／ 013
贰	规划布局	／ 019
叁	空间营造	／ 025
肆	建筑形制	／ 037
伍	景域策划	／ 040

第二篇　精匠造园　景观篇

陆	云珠新园	／ 047
柒	园聚岭南	／ 074

捌	**云山院景　珠水雅韵** 五星级酒店	/ 106
玖	**行商庭园　东意西境** 四星级酒店	/ 135
拾	**时尚雅集　岭南风华** 特色公寓酒店	/ 147

第三篇　文华共聚　室内篇

附　录

附录一	**建设历程**	/ 156
附录二	**建设感言**	/ 160
附录三	**特别鸣谢**	/ 164

第一篇

筑造南粤

建筑篇

总体区位图

项目远眺

壹　纵横概览

1　建设背景

广州，一座充满活力与繁华的全球都市，其独特魅力源自于每一位创作者的贡献。其中，广州市属国企越秀集团下属的开发板块，在人居升级、片区创新和城市更新过程中深耕细作，书写广州发展的繁华篇章。越秀集团始终坚守作为城市发展领航者的使命，以其独特的视角和坚定的决心，将目标锁定于白云山麓。针对白云区日益增长的旅游、商务等市场需求，越秀集团发挥国企的担当，承担起城市运营商的社会责任，积极推进片区功能的更新、活化与升级，完善配套设施的建设。在旧白云机场跑道上，广州白云越秀万豪复合型酒店群应运而生。酒店群的建设与广州城市发展进程紧密契合，为传统城市业态带来了全新升级，引领着广州焕发出新的活力。

项目西南角鸟瞰

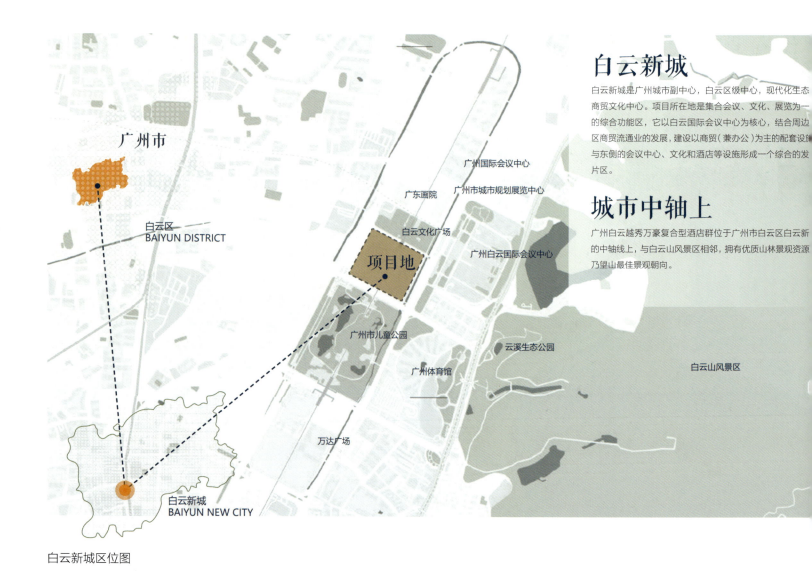

白云新城区位图

白云新城

白云新城是广州城市副中心，白云区级中心，现代化生态商贸文化中心。项目所在地是集合会议、文化、展览为一的综合功能区，它以白云国际会议中心为核心，结合周边区商贸流通业的发展，建设以商贸（兼办公）为主的配套设施与东侧的会议中心、文化和酒店等设施形成一个综合的发展片区。

城市中轴上

广州白云越秀万豪复合型酒店群位于广州市白云区白云新的中轴线上，与白云山风景区相邻，拥有优质山林景观资源乃望山最佳景观朝向。

2　项目区位

优势地段 · 繁华要津

酒店群位于广州市白云区白云新城的中轴线上，旧白云机场跑道两侧，南邻广州市儿童公园，北邻白云文化广场、广东画院和广州市城市规划展览中心，东侧为广州白云国际会议中心和广州体育馆，与广州白云国际会议中心等遥相呼应，背靠群山，拥有优秀的景观资源，汇聚繁华与自然的完美交融，体现了云山珠水的自然环境，打造出岭南特色的文化交流目的地和栖息地。

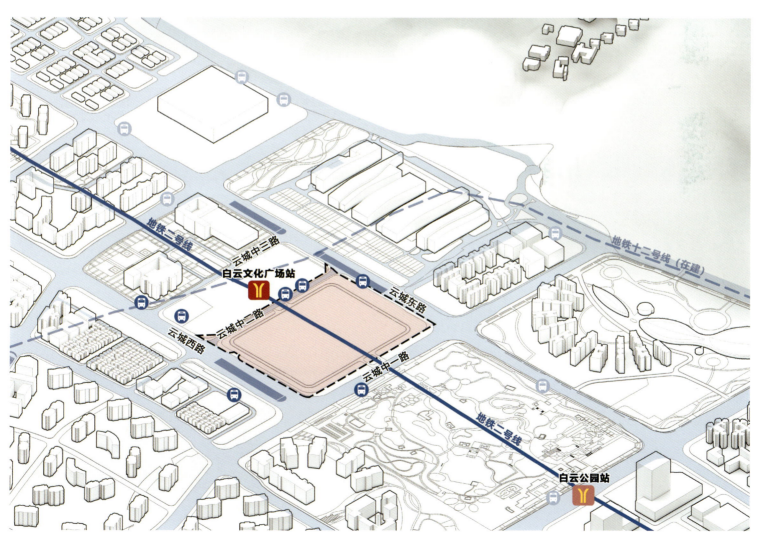

项目周边交通分析图

3　项目简介

酒店群总占地面积约 11 万平方米，总建筑面积约 20 万平方米。园区内有一座 1 万平方米的独立宴会中心、三座星级酒店，分别是五星级酒店（广州白云越秀万豪酒店）、四星级酒店（广州白云越秀福朋喜来登酒店）、特色公寓酒店（广州白云越秀源宿酒店），合共拥有 1600 间客房和 10 个餐饮设施。建筑群落穿插联结约 8 万平方米的绿化园林，一步一景，别开生面。

酒店群充分利用周边得天独厚的景观资源，是广东省内规模最大的岭南特色生态园林式酒店群。

项目鸟瞰

筑造南粤 建筑篇

壹 纵横概览

贰 规划布局

1 创作理念

古今中外间·筑造南粤城

　　酒店群通过规划布局延续白云新城南北向中轴的空间序列，保留东西向白云山景观视线通廊，传承广州"青山半入城"的城市格局，将白云山景融入酒店内部园林。结合广州最具地域特色的自然景观、人文风情和历史文化元素，打造具有广州岭南地域特色的园林景观。

　　酒店群落之间仿佛展开一幅传统"岭南印象"的风情画卷。核心区的大型园林依托景观空间，精心布置了入口水院、休闲台阶、流瀑水池以及岭南文化体验区等公共活动场所。市民可以在池塘边、屋檐下、榕树下或广场上聚集畅谈，亦可进入建筑内尽享购物与美食，成为市民体验崭新岭南文化的城市名片。

项目东立面

项目北立面整体鸟瞰

2　城市关系

云城客厅·文华共享

　　酒店群的规划依托原白云机场跑道，将其打造为一条贯穿南北新城的城市绿轴。该绿轴将酒店用地划分成东、西两部分，周边地块因地制宜地设计成收放有致、开合交融的城市会客厅。北、中、南三进园林空间，有机联系了北侧的白云文化广场和南侧的广州市儿童公园两片城市公共开放空间，将酒店东、西两部分连接成一个整体，既激发了周边社区的城市活力、丰富了市民日常的活动模式，也增加了酒店对外的商业界面、提升了酒店服务配套的商业价值，实现城市与酒店的双赢。

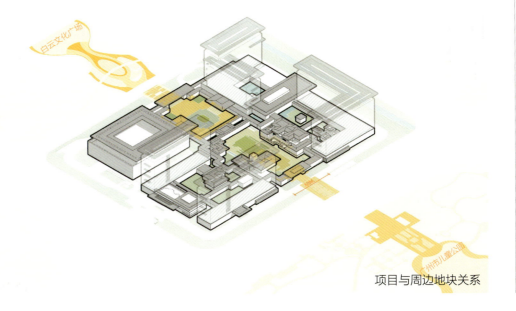

项目与周边地块关系

3　整体布局

岭南文苑·塑造新岭南建筑文化体验高地

　　酒店群的设计借鉴岭南四大园林步移景异、借景对景、主次分明、小中见大的造园手法，于东、中、西区域分别打造以"珠水云山""水乡印象""西关庭苑"为主题的特色空间。星级酒店四周穿插布置大小不一的园林庭院，其与中心公园相互渗透，形成有机统一的岭南园林系统。

贯穿：城市绿轴贯穿场地

连接：通过连廊连接两组建筑

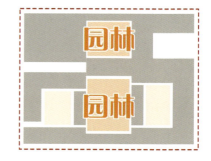

序列：形成岭南式院落空间

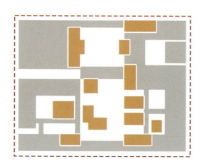

置入：置入活力公共空间

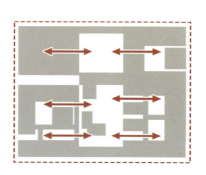

互利：公共空间与酒店互利互融

开放：向城市开放

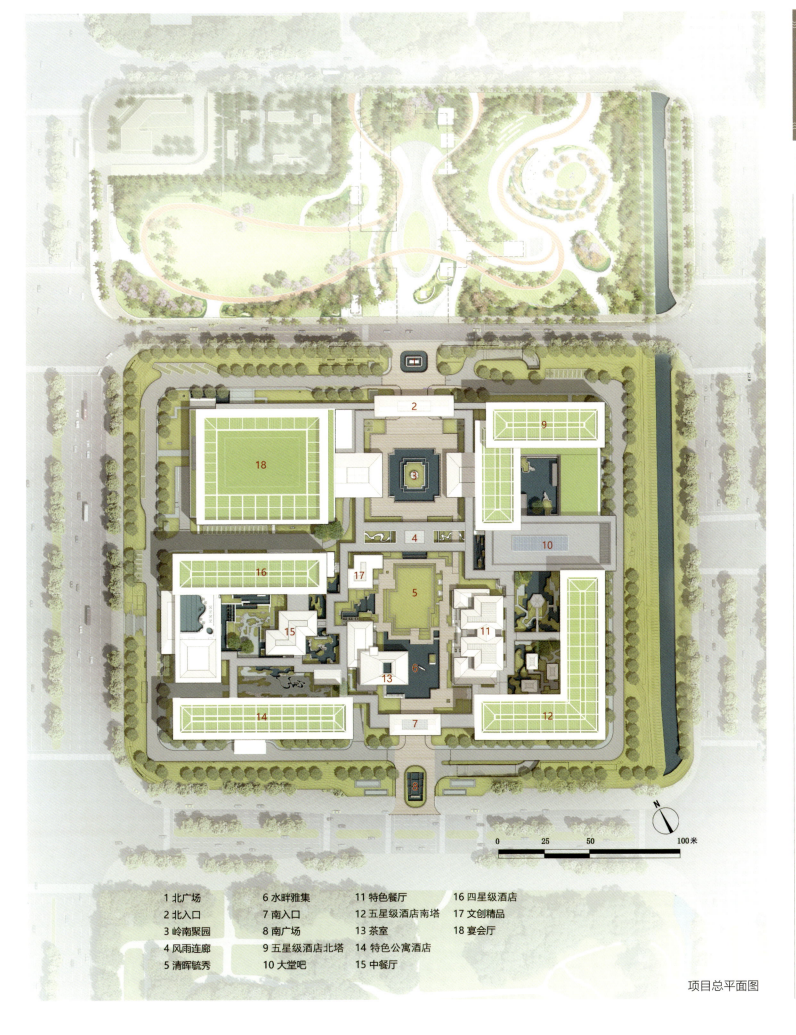

项目总平面图

1 北广场　　　6 水畔雅集　　　11 特色餐厅　　　16 四星级酒店
2 北入口　　　7 南入口　　　　12 五星级酒店南塔　17 文创精品
3 岭南聚园　　8 南广场　　　　13 茶室　　　　　18 宴会厅
4 风雨连廊　　9 五星级酒店北塔　14 特色公寓酒店
5 清晖毓秀　　10 大堂吧　　　　15 中餐厅

叁 空间营造

1 建筑布局

岭南水乡·场所印记

借鉴传统岭南水乡印象中市民在田陌旁、池塘边、屋檐下、榕树头、广场上聚集聊天、聚餐等风情画卷，在中区打造开放共享的大型岭南园林空间。

依托景观空间布置入口水院、婚礼草坪、休闲台阶、流瀑水池、观景休息区等公共活动场所，打造宜赏、宜游、宜聚、宜宿的岭南传统文化体验高地。

中轴南庭院茶室

中轴南庭院东北角

2 功能组织

岭南商市·烟火气息

通过外高内低的建筑布局和收放有致的建筑界面控制，使中区自然形成了内聚的开放空间，将具有浓郁广府特色的饮食文化、艺术文化、建筑文化及园林文化融汇一体，沿袭岭南地区"因水而兴，逐水而聚"的传统，沿中央水系景观带布置特色餐厅、咖啡厅、茶室、精品店等对外开放的商业配套设施，重现岭南具有烟火气的商业风貌。

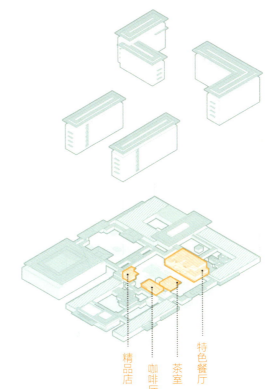

功能组织示意图

中轴南庭院半鸟瞰

酒店群充分考虑周边的景观资源，在整个场地景观资源较优的东侧地块布置酒店主体，形成大气的城市沿街展示面，并方便统一运营管理。宴会中心、四星级酒店、特色公寓酒店设置在场地西侧，形成相对独立的布局，方便管理，宴会中心与酒店通过连廊紧密联系。在场地中央绿地两侧布置一些可供双方共享的公共设施，进一步加强两侧紧密联系，使场地成为一个整体。

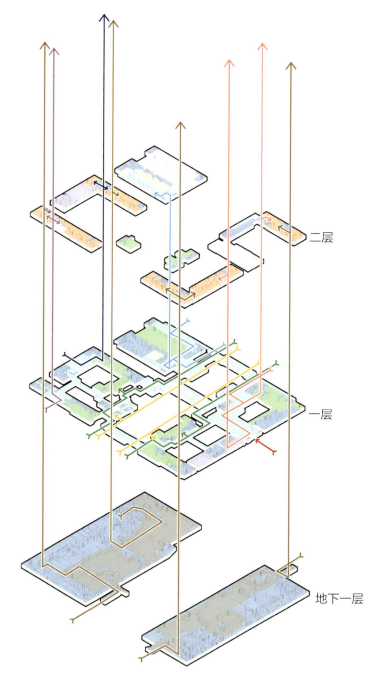

功能流线分析

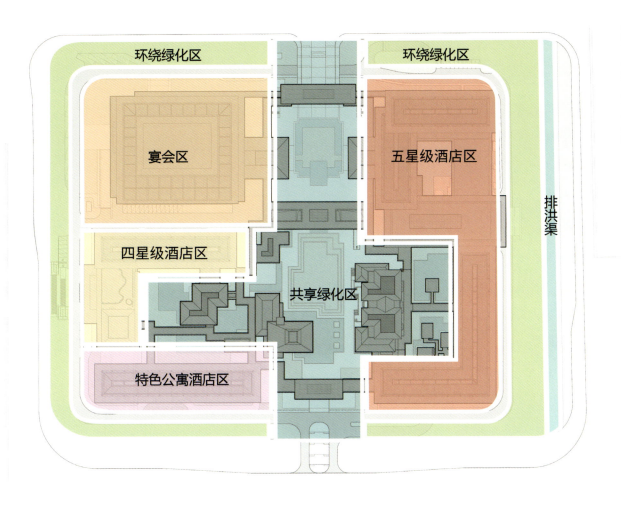

总平面功能分析

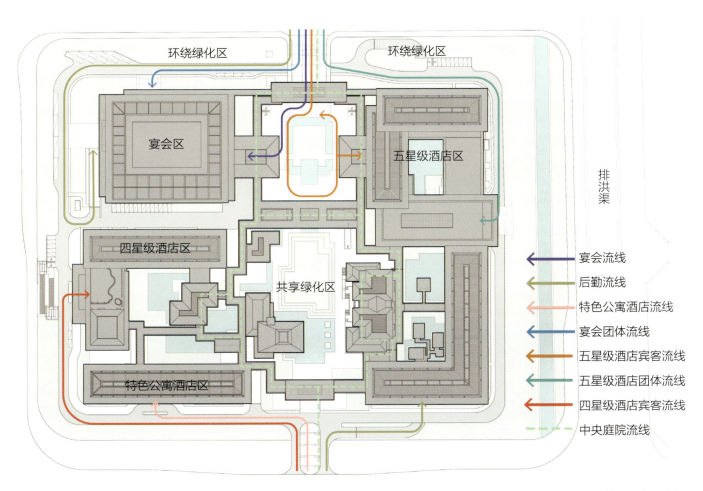

总平面交通分析

3 特色空间

特色茶室·四水归堂

特色空间由茶室与架空景廊两部分组成，分别采用混凝土和钢框架结构，在中部连通和架空悬挑部分使用钢桁架拉结。

茶室钢结构的设计难点在于大悬挑结构，二层悬挑为17.40米，屋面悬挑为21.80米，利用二层与屋面层高设计两品桁架悬挑梁作为整个结构的主要受力构件，桁架悬挑梁以4根钢柱为支座，保证茶室结构在中震情况下均处于弹性工作阶段。为保证结构的安全性和使用的舒适性，以及解决竖向振动等敏感问题，于悬臂桁架上弦杆与钢柱的连接节点增加二道防线等措施，创造了悬挑式四水归堂的独特景观。

茶室

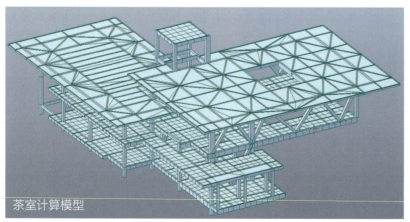
茶室计算模型

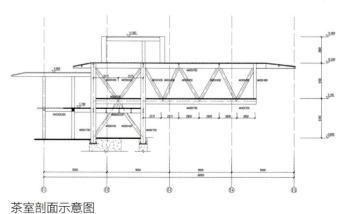
茶室剖面示意图

中轴南庭院四水归堂

中轴南庭院茶室

五星级餐厅外廊

特色餐厅·云山绿境

多样的空间承载多元的活动，丰富的活动场所同时成为市民乐于使用的观景空间。突破以往城市星级酒店的传统布置模式，把可以单独对外经营的部分星级酒店配套设施如特色餐厅、咖啡厅、酒吧、精品店等沿中央绿化公园两侧布置，增加与城市社会的接触面，最大限度提升星级酒店配套设施的商业价值，同时减少社会人流对星级酒店内部客房空间的交叉影响。

园区东向五星级酒店

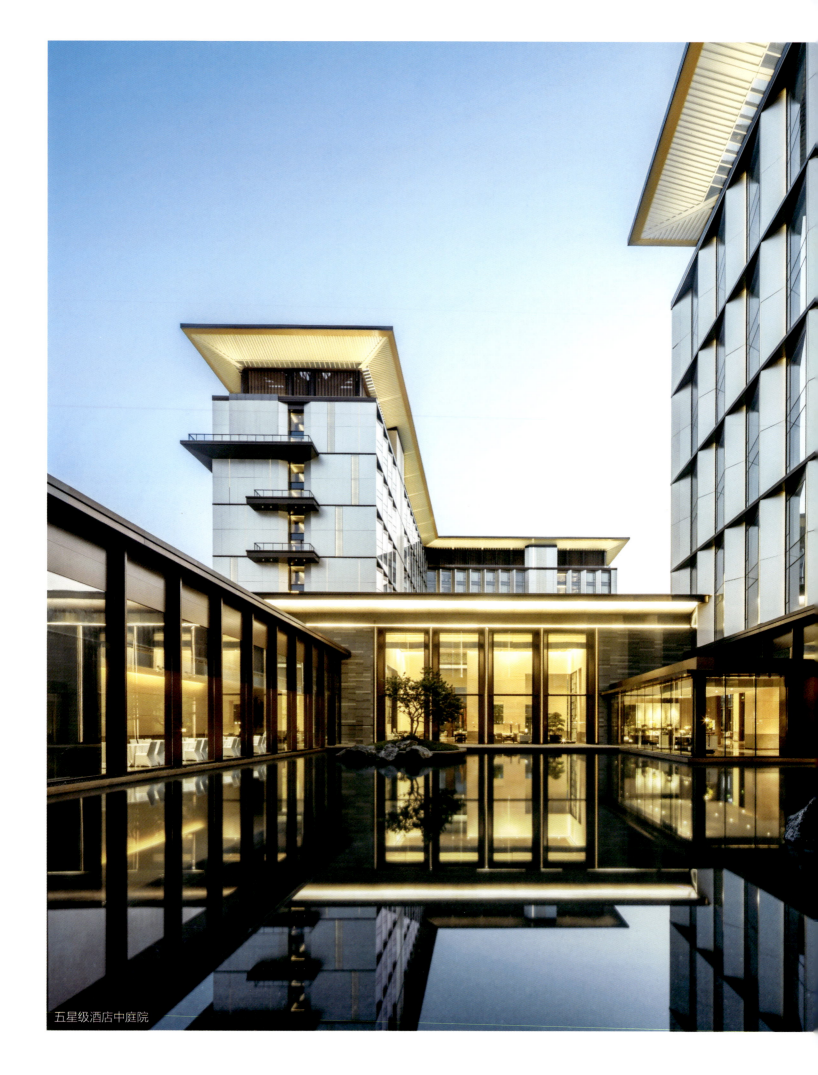

五星级酒店中庭院

大堂吧·流水金阁

深入挖掘传统造园格局以及当地文脉价值，方寸之间，尽显禅意美学，承载东方生活意趣，耀显华贵盛族。庭院中有一池水台端坐，映入眼帘的是松林绿池。池面反射着晨光树影，映接云涨雾落，承载着无数变幻的气息。光影和雨露透过屋顶的跌瀑倾于太液池中，寓意"地上之水天上来"，展现建筑与水面的关系，形成倒影、静谧的氛围。

五星级酒店西庭院

肆　建筑形制

通过对岭南文化的深入挖掘，并将其与现代设计语言巧妙结合，利用新材料、新工艺、新手法诠释岭南传统建筑文化精髓，赋予建筑以鲜明的地域特色和文化内涵。酒店群中心位置的园林建筑通过抽象提取岭南传统建筑元素，将"架空骑楼"的理念运用在酒店建筑首层，既提高了空间的通透性和利用率，还增加了建筑的视觉层次感。西关天井作为传统岭南民居中的重要组成部分，被融入现代酒店空间，通过引入自然光线和通风，增强了室内外的联系。建筑外墙采用现代技术对传统的镂空砖墙和青砖墙、满洲窗花进行改良，使之满足现代建筑的性能要求，不仅丰富了建筑的外观装饰元素，还具有遮阳和增加隐私性的功能。

项目西北角整体鸟瞰

片简筑宇·飞檐岭风

建筑立面以"现代中式岭南风"为核心理念，外围主体建筑采用以"片简筑宇，飞檐岭风"为主题的三段式传统建筑立面构图手法，彰显了大国风范和文化自信。

建筑立面细节

北门景观

中轴北庭院南侧

中轴北庭院东侧

伍　景域策划

1　立体观景平台

青山入城·云珠叠望

　　用地东邻白云山脉，项目通过规划布局保留东西向的白云山景观视线通廊，建筑主体高低错落，实现景观资源最大化，酒店公共空间及客房层的主要景观面均朝向白云山，构建绿化屋顶、空中花园、阳光电梯厅、行政酒廊等不同标高的观景平台，营造立体观山的独特体验。场地南面和北面均为城市开放空间，形成景观视线通廊，在地面空间延续南北贯通的中央绿化带的同时，也打造了东西连贯的"立体景观通廊"，加强酒店群与白云山的联系。

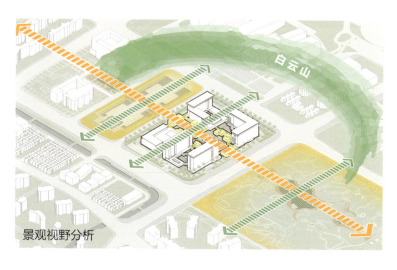

景观视野分析

筑造南粤 建筑篇

项目西立面整体鸟瞰

伍 景域策划

中轴南向建筑空间

2 岭南园林空间

珠水云山·园聚岭南

项目以传承创新岭南建筑文化为核心理念，借鉴岭南四大园林步移景异、借景对景、主次分明、小中见大的造园手法，利用中间高低起伏的空间围合出收放有致的绿化公园，用疏密相间的建筑界面重现岭南水乡的空间意向。酒店四周穿插布置大小不一的园林庭院，与中间的绿化公园相互渗透，形成有机统一的岭南园林系统，在场地内规划约八万平方米的岭南园林空间。

设计通过提取岭南地域特色的自然景观、人文风情、历史文化等元素，采用新材料、新工艺创新演绎岭南建筑文化精髓，以"建筑空间园林化"为原则，力求建筑、室内与园林融为一体、交相辉映，打造令人耳目一新的岭南园林建筑群。

筑景交融

第二篇

精匠造园
景观篇

中轴景观效果图

陆　云珠新园

1　中轴景观美学理念

门第礼序

中轴景观以门第礼序、三进院落的空间形式布局，将文化与艺术蕴藏于格局之中，以此营造尊崇、威严、大气的景观空间。

中轴从北向南布局了"珠水汇岭南""清晖毓秀""水畔雅集"三大传统岭南印象画卷，通过景观营造，在访客面前呈现三幅层层递进的岭南画卷。

中轴景观剖面示意图

中轴景观曾是广州白云老机场的起飞跑道，其形态得以保持，并成为白云新城新的中轴，将过去的机场历史与未来的城市发展相连接。

中轴景观面对的挑战

中轴景观位于广州地铁 2 号线的正上方，为工程建设带来了巨大的挑战。覆土的增加、土壤的沉降、植物的选种、植物根系的生长都将影响广州地铁 2 号线结构的稳定。通过深入研究推算，最后采取了三项措施来降低景观对地铁结构的影响。

构建结构盖板：在水景、门楼等荷载大的区域，设置灌注桩和地梁，有效承担来自地面的荷载，减轻对地铁结构的承压；

土壤换填：使用重度不大于 6 千牛 / 立方米的泡沫混凝土以及轻质种植土，换填地铁结构正上方的土壤，起到减轻荷载的作用；

植物选种及根系防护：选择浅根系植物，并在结构盖板与土壤接触的部位增设根障挡板，保护结构盖板不受根系侵蚀。

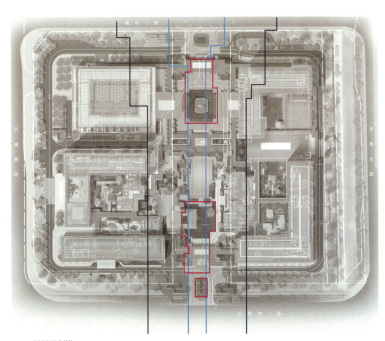

— 地铁控制线
— 地铁保护线
— 结构盖板范围线

结构盖板分布图

2 北入口

云门迎客

　　北入口由简约大气的云顶大门和阵列排布的旗帜构成。其中，大门、灯具的装饰纹样提取满洲窗的元素符号，寓意平安吉祥、创新求变。门侧两旁再辅以宛若"作揖"的造型罗汉松，盛迎五湖四海的名流志士，彰显大国礼仪。

精匠造园 | 景观篇

3 一进庭院

珠水汇岭南

中轴景观"一进庭院"为"汇",中心设计了占地约 1120 平方米的四平八稳的水景基座,三层的叠级水景寓意岭南福地锦绣祥和,八方宁靖,文华共聚。

一叠镜面水波澜不惊,寓意国泰民安,四方安稳之意。

二叠跌水流动,象征珠水永流,寓意粤地资源富庶,琳琅汇聚,财源滚滚。

三叠岭南明珠置于水景之上,珠水倒映着往昔岭南生活的种种美好,象征着团圆与汇聚,汇集粤地福气,共迎四海文华。

一进庭院——珠水汇岭南

岭南明珠

岭南明珠

岭南明珠位于白云新城中轴线上，汇集白云新城四方祥瑞之气。其主体通过镜面水景、涌泉等景观元素，托起中央"明月流云"的造型，望月思恩，寓"滴水恩，涌泉报"之意。

圆球雕塑长 12 米、宽 5.22 米、高 3.9 米，使用 304 不锈钢喷漆，意寓"阳燧宝珠"，如古代的宫灯，高贵而又典雅。底座起伏的边缘既似白云山的形态，又似卷起波澜的珠江水。起伏的边缘彰显力量感，体现了依珠江水与白云山生活的人们奋斗的强大力量。雕塑下方平静的水景面又代表珠江水温柔的一面，极具岭南细腻内秀的文化特征。

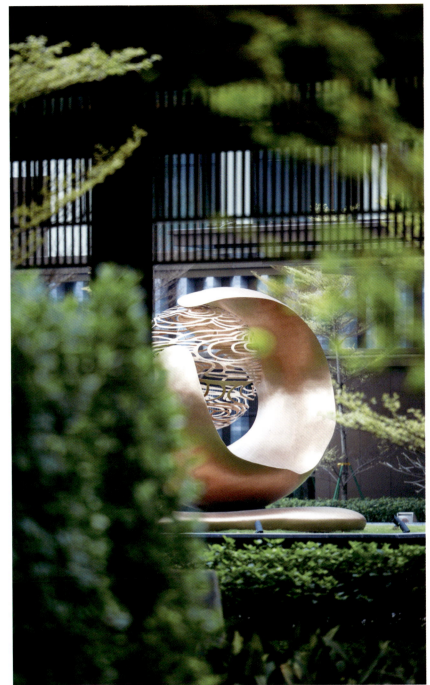

岭南明珠

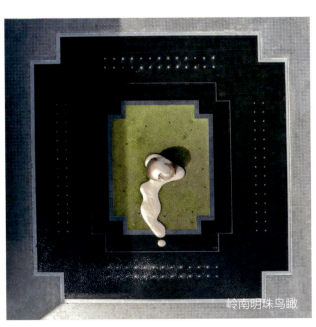

岭南明珠鸟瞰

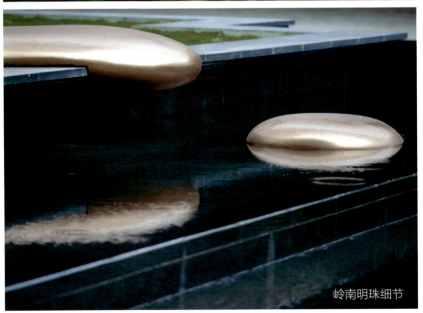

岭南明珠细节

岭南明珠夜景

满洲窗纹理灯

满洲窗纹理灯

满洲窗是在中国传统的木框架中镶嵌套色玻璃，具有独特的时代性和地域性，是广州及珠三角地区具有代表性的建筑视觉符号。项目运用其纹样，展现了广州人放眼世界的胸怀、创新求变且敢为天下先的志向，具有不可替代的工艺及精神价值。

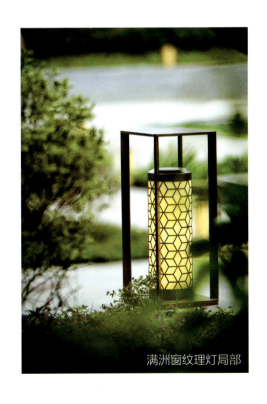

满洲窗纹理灯局部

竹影回廊

　　回廊建筑拥有两个小庭院，侧面以格栅将小庭院与人流分割开来。竹苑在阳光的照射下，竹影交织变幻，如画中景色。竹中空外直，寓意着正气与秉直。沿着回廊两侧前行，岭南庭园的翠竹，景色如画，光影变幻，如入画境。

竹影回廊

精匠造园
景观篇

回廊细节

陆 云珠新园

竹影回廊一隅

竹影回廊夜景

精匠造园 | 景观篇

陆 云珠新园

4　二进庭院

清晖毓秀

景观采用"地景""空间艺术"的创作手法，思考岭南气韵的现代抽象表达。参考岭南四大名园——清晖园的空间布局，提取其气韵与花木池水之灵动，构建向心型空间，以空阔的草坪空间作为核心活动空间，为人们提供沐浴日光、居游停留之地。草坪四周点缀着姿态优美的鸡蛋花、朴树等，微风徐来，清香四溢，享夏之阴凉，赏冬之俊逸。

清晖毓秀

植物选取

结合结构荷载，充分考虑并选取了具备浅层土壤适应性、抗污染性强、维护周期短和覆盖效果好等生长特点的植物，既能保持美观，也能最大限度地降低植物对地下结构的潜在影响。

小型乔灌木点缀在阳光草坪周边，增添了纷呈多彩的颜色，如红花鸡蛋花、丛生柚子、杨梅等。大型乔木因其根系发达，分布在地铁控制区之外，主要围绕在建筑周边，以柔化建筑线条、过渡庭院与建筑之间的灰空间，如丛生朴树、蓝花楹、造型冬青等。

在酒店的园林中使用罗汉松、小刚竹、黄花风铃木等植物，旨在增强景观的历史文化氛围，描绘出昔日文人墨客共聚岭南雅集的风情画卷。

①罗汉松作为适应能力强和四季常绿的植物，自古以来常被认为是长寿和幸福的象征。园林中的罗汉松具有苍劲的枝干，隽秀的树冠，苍翠的绿枝倾斜延展，呈作揖迎客状，彰显大国君子气度，盛邀八方来宾。

②黄花风铃木的花语是感谢，其盛开的黄花犹如灯笼迎风摇曳，彰显出幸福的寓意，勃勃的生机为人们献上诚挚美好的祝福，也为园林景观增添光彩夺目的焦点。

③"千磨万击还坚劲，任尔东西南北风。"小刚竹具备的坚韧不拔与正气秉直是文人墨客自古以来追寻的高洁品质。园林中通过置石与刚竹的组合，呈现出破岩而出的青竹傲然挺立的画面，以坚韧无畏、从容自信的姿态携宾客齐聚贤庭。

罗汉松

黄花风铃木

清晖毓秀回望

小刚竹

清晖毓秀鸟瞰

狮子上楼台

园区设计灵感来自东莞可园的狮子山，运用现代简约线条的抽象手法，将狮子山的山峰演绎为水景两侧的花基，流水层层叠叠拉长了纵向的视觉线，营造出一处灵动、缱绻的小花园，再现岭南园林的气韵。

岭南园林的峰形石景包含主峰和劈峰。山峰造型通过精湛的雕刻或天然石材展现出起伏峭拔的山川之美。而劈峰则以巧妙劈割石头营造出裂隙纹理，模拟山峰岩层的自然裂缝，呈现出石头被山势劈开的效果。

这两种造型相互融合并置于园林中，展现了岭南园林文化对自然山水之美的追求，为园林增添了层次感和自然韵味。

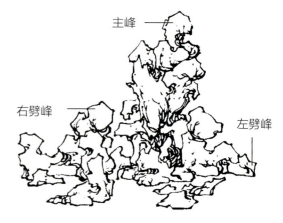

石景营造示意图

狮子上楼台

狮子上楼台局部

精匠造园　景观篇

5　三进庭院

水畔雅集

"三进庭院——水畔雅集"位于建筑茶室外侧，采用中国水墨画中的留白手法，灵活地将镜面水景与雕塑相结合，营造一种恬淡、悠然自在的氛围。

"水畔雅集"的设计概念取自《清溪雅集图卷》，在一湾平静如镜的水面上，演绎画中泛舟清溪的场景，让在此处休闲品茗的人们享受如古代诗人在集会作诗的高雅舒适环境。

一叶扁舟

"一叶扁舟"雕塑灵感来源于清代岭南画家苏六朋的名画《清溪雅集图卷》。雕塑抽象演绎了画中泛舟清溪的场景。在画面中,渔人乘芭蕉叶前行,手捧清茶闻香,怡然自得。芭蕉上一壶工夫茶也是与一旁的茶室形成呼应,茶室内客人们杯盏相碰,茶室外舟中人举杯共饮,如一场跨越时空的对话。

此外,在舟的方位设置上也有巧妙的设计思考。广州常年盛行东南风,因而芭蕉小舟头部朝着西北方向,舟翩然摇曳,可乘风而上;小舟头部又恰好对着西北层级跌水水景,有溯源寻根之意;渔人面朝南侧入口,举杯同饮迎来客。

雕塑用材采用古铜色不锈钢锻造,与酒店建筑外立面相协调。舟上人物飘逸的造型和写意的形象,更具有禅意和故事感。舟的修长感与酒店建筑及周边的连廊整体营造出一种诗意轻松的岭南生活氛围。

一叶扁舟雕塑

一叶扁舟鸟瞰

南入口——宾至如归

6 南入口

宾至如归

南入口不但呼应了北入口的云顶门楼设计，还展现了端庄尊贵的仪式感。两侧阵列栽植绽放的鸡蛋花，犹如岭南特色的盆景，令人心驰神往。植物与层级水景结合，流水潺潺，蕴含着步步高升的美好寓意。花香萦绕、水韵悠长，让每一位宾客不仅能感受到宾至如归的温馨氛围，还能领略到南国真切的好客之情。

南入口跌水

柒　园聚岭南

1　庭园景观美学理念——岭南第五园

《湖山平远图》

湖山平远，翰墨丹青

　　湖山平远，文心纵横，绘就岭南春暖画境。
　　《湖山平远图》（明）颜宗——发现最早的广东绘画作品，是广东省博物馆国宝级藏物，也是广东绘画史进入主流画坛的先声代表之作。
　　图中描绘了理水叠石、山水相依、湖林岸中的古代岭南园林风情，汇聚于广州白云越秀万豪酒店营造的玉山园、聚贤园、鸣音园中。

一石三砚

玉堂书香，一石三砚

　　一石三砚，世纪合璧，浸润云珠满堂书香。
　　广东的千金猴王砚、岛华四象砚、九晕太极砚三方宝砚，现为广东省博物馆的镇馆之宝，为张之洞请名匠于名石上雕刻，是独一无二的稀世珍品。
　　世纪合璧，浸润云珠的满堂书香，在四星级酒店与特色公寓酒店的庭院内营造砚池园、盆景园、水墨园三园。

岭南藏宝

玉堂书香 ———————————————— 湖山平远

书香墨砚　砚池园

九晕盆景　盆景园

鹤鸣粤韵　水墨园

一池三山　玉山园

云水庭园　聚贤园

林下琴音　鸣音园

中轴景观

一石三砚 ———————————————— 翰墨丹青

　　融汇岭南文化菁萃，集岭南书香与岭南画派大成于一园，以珍藏于广东省博物馆的《湖山平远图》与镇馆三砚作为园林脉络，聚合岭南三雕一塑工艺技巧，成新时代最纯粹的岭南新园。荟萃岭南文化，典藏工艺精华，再现广府翰墨书香，打造云珠新园，经典流传匠心翰墨山水情，画境文心意纵横。

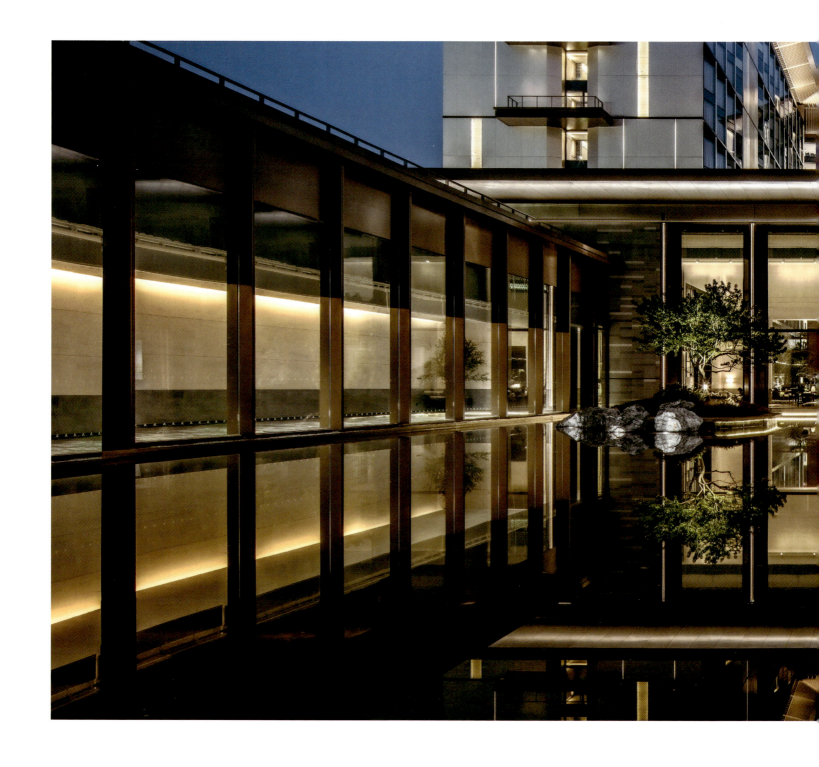

2　东区庭园

玉山园

　　以《湖山平远图》的山河意象,结合南越皇宫蕃池中传统园林一池三山的布局,在方寸之间捕捉禅意美学承载的东方生活意趣,再现南越古国文化精华。

玉山园夜景

玉山园夜景局部

精匠造园 景观篇

柒 园聚岭南

入口对景庭园

入口对景

以祥云为底、青砖镶嵌的层级叠水,与优美的迎客松共同组合成岭南画派的秀丽画卷,在贵客面前缓缓展开。

祥云叠水

青砖镶嵌

聚贤园——云水庭院

以一半青葱婆娑的绿岛掩映，一半为波平如镜的映天碧水，还原《湖山平远图》山川烟波之境。水雾云间设有聚贤亭，以琴为引，群贤毕至。围绕中庭水景长廊设置整面玻璃引入天光，将光线与美景拥揽入室，或得白云之闲，或得青山之乐。

聚贤园鸟瞰

聚贤亭以宫灯为形,廊檐皆用传统榫卯结构搭接,与假山、青石、铁冬青、乌桕等苍劲曲折的枝干相互映衬。亭内放置古琴作为摆件,将云山流水、奇松异石的景致尽收眼底。

聚贤亭近景

广州传统红木宫灯　　　　形态演变　　　　聚贤亭形态

精匠造园　景观篇

柒　园聚岭南

聚贤园夜景局部

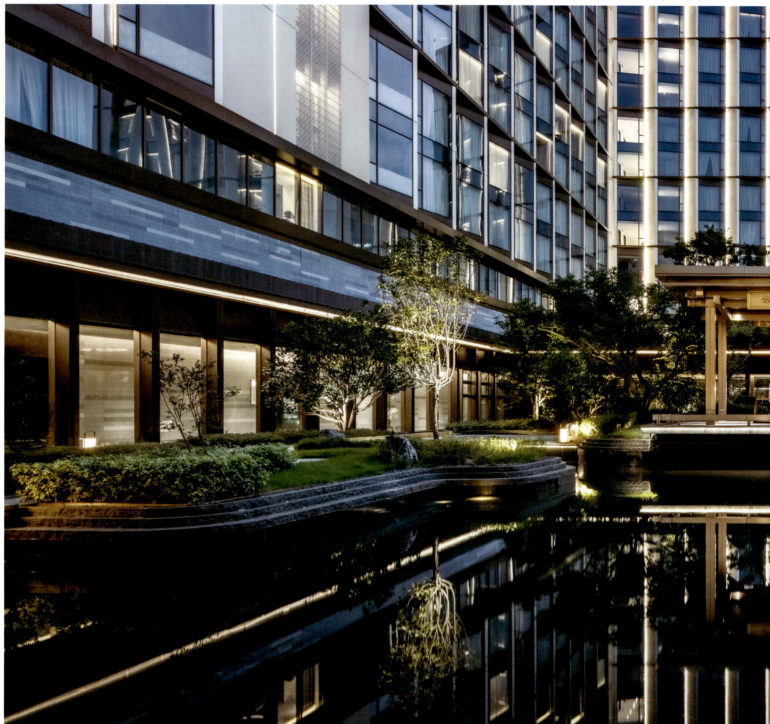

璀璨的灯光映射在聚贤亭上,使其就像漂浮于镜面水景之上,精致的景灯小品点缀在蜿蜒的林岸间,呈现一派静谧、祥和的夜间景致。

聚贤园夜景

鸣音园小品

鸣音园——林下琴音

以弦为形,化为云水之上的石基花林,高大的乔木相互交错成一片漫天林影。林间穿行,廊腰缦回,苍林微雨聆听传世琴音。庭苑中墨池林影,云水边的花基琴弦,静候穿越时光的知音。

3 西区庭院

玉堂书香,一石三砚

岭南藏宝,将满堂书香收藏于一方园中,将广东珍宝的一石三砚通过盆景、整石墨砚与地面流水呈现于庭院之间。

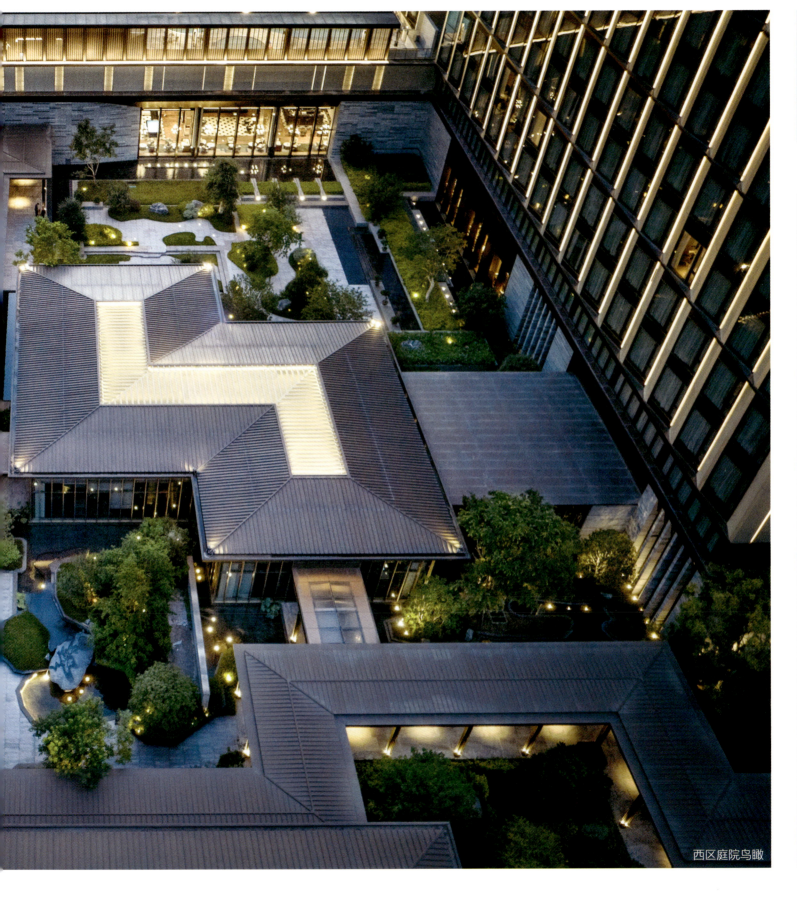

西区庭院鸟瞰

盆景园夜景

盆景园细节

盆景园鸟瞰

盆景园——九晕盆景

将水喻墨，以层叠花池喻墨砚之形，融入岭南珍贵花木和盆景。漫步疏林花影间，感受山水盆景间的妙趣与惬意之意境。

庭中布林，缦枝外探。身入盆景，再观盆景。犹如"虽由人作，宛自天开"，如诗如画的自然之境。

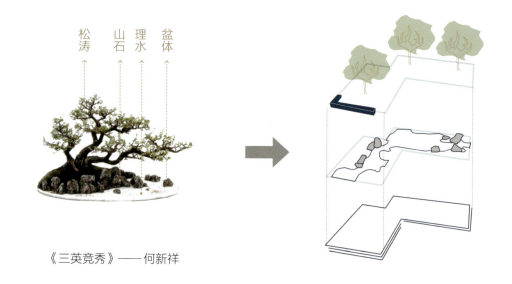

《三英竞秀》——何新祥

松涛　山石　理水　盆体

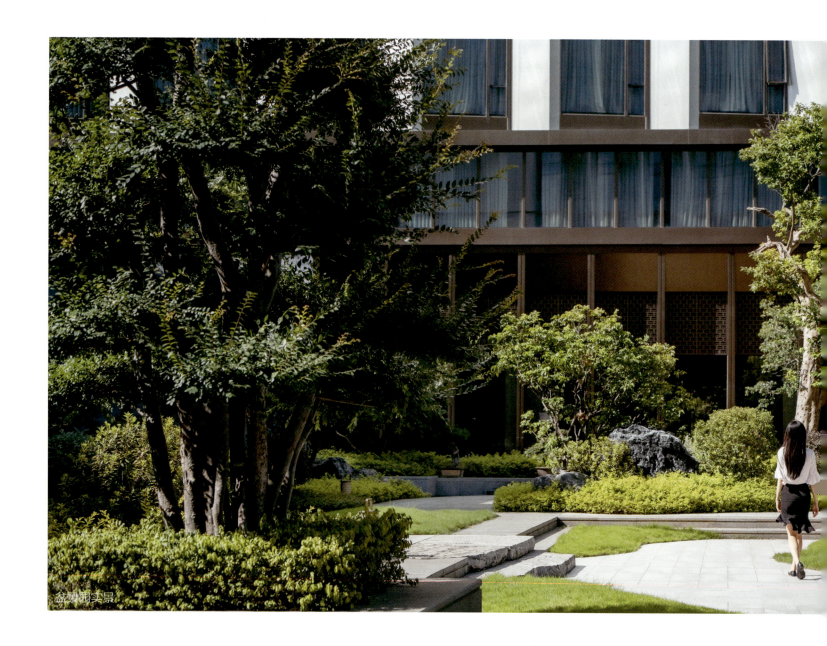

盆景园实景

精匠造园　景观篇

盆景园局部

岭南精品盆景

柒　园聚岭南　岭南精品盆景

砚池园——书香墨砚

以"千金猴王砚纹理"为蓝本，精选 20 吨形态优美的广东英德黑山石整石，由多名匠人精心雕刻而成的独创定制曲水石砚，细长绵密的流水犹如书画中的墨滴，沾水落池，融于绿林之中，融汇万千精粹于一园，营造浓郁的书香氛围。

千金猴王砚纹理　　　提取　　　演绎　　　流水砚池纹理

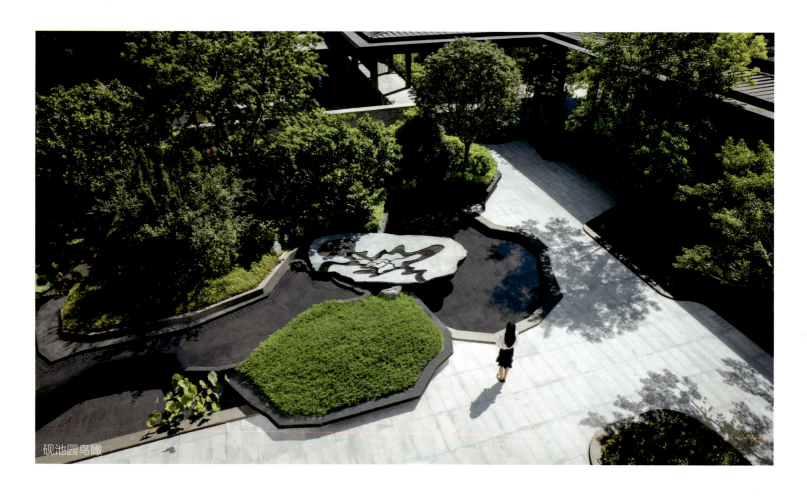

砚池园鸟瞰

砚池园细节

精匠造园 景观篇

砚池园夜景

柒 园聚岭南

水墨园局部

"粤"字流水

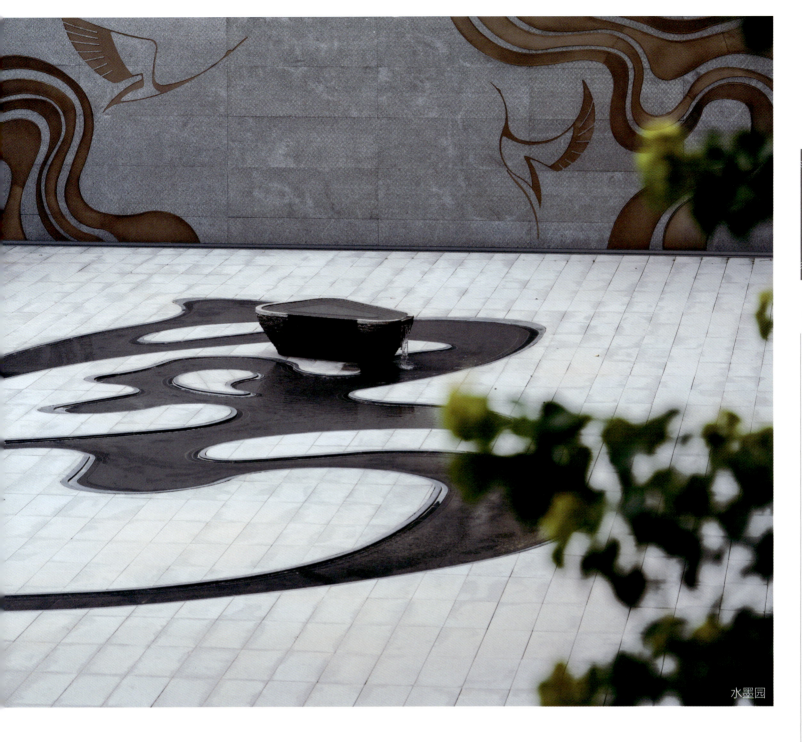

水墨园

水墨园——鹤鸣粤韵

借岳华四象砚巧雕的白鹤松树图面，在回廊之间还原鹤栖于林的书香意向，让水景结合岭南"鹤砚"文化，由网格放线，预制石材的切割工艺，在地面刻画出灵动优雅的"粤"字流水，以"粤"韵书香，独创曲水流觞之境，营造浓郁的书香氛围。

四星级酒店入口夜景

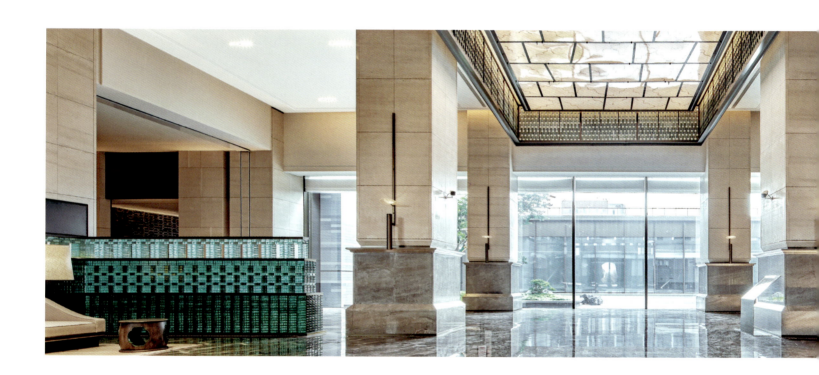

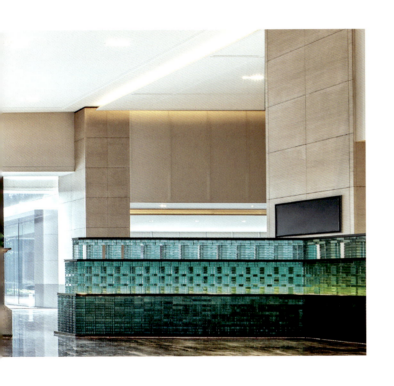

第三篇

文华共聚

室内篇

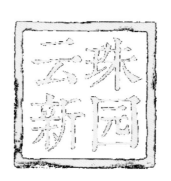

寻源

　　酒店群室内结合建筑设计理念，巧妙地将室内园林景观与建筑空间交相辉映，以现代手法和材质演绎岭南园林的美妙，室内景观借景入室，与建筑相互呼应，相映成趣。在传统与现代的交融中，展现出岭南文化的独特内敛及和谐之美。

演绎

　　酒店群里三种酒店各具个性化特点，它们各自展现出独特的风采，又浑然一体，呈现出一种丰富而和谐的视觉效果，展示了岭南文化的精髓和现代设计的智慧。

广州白云越秀万豪酒店

广州白云越秀福朋喜来登酒店

广州白云越秀源宿酒店

城市岭南园林风

演绎了岭南园林中古典园林的经典元素，颇有古人"万绿丛中一点红，亭亭杨柳绿无穷"的雅趣。

南洋新工业风酒店

巧妙地演绎了岭南园林的中西合璧、精致创意，如"雅集文人墨客多，亦有丹青阵阵歌"般的境地。

自然生态亲子酒店

表达了岭南园林中特有的自然气息，仿若"山高水长，绿草如茵"的山水诗画。

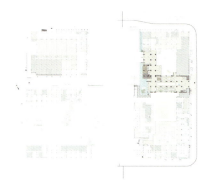

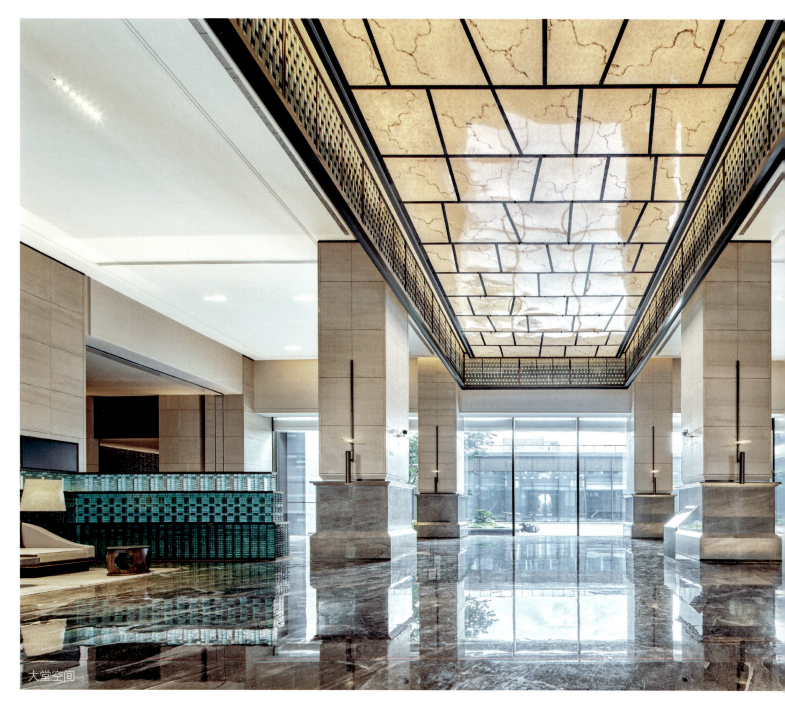

大堂空间

捌　云山院景　珠水雅韵

五星级酒店

1　酒店大堂、大堂吧

　　酒店群的室内设计灵感基于建筑设计理念，同时融合了对传统岭南园林的深刻思考，力争营造具有本土地域特色的城市园林酒店。体现传统和现代的交融。室内公共区域提取岭南园林布局中亭台楼阁、叠景隐榭的设计元素，营造"云中院、院中景"的意境。酒店大堂作为聚焦视觉亮点的重要区域，采用借景的设计手法，透过现代的手法与绿植布置组合，采用白墙、青砖、琉璃、彩玻璃、木雕等岭南元素，打造视觉焦点，并最大化利用建筑幕墙的开放效果，室内外效果互相渗透，步移景异，室内视觉得到延伸，塑造"园中有园，景中有景"的境界，呈现深邃含蓄、曲折多变的效果。

大堂玻璃砖

大堂休息区

大堂吧

五星级酒店的大堂及大堂吧作为视觉焦点的核心区域，拥有9米高净空，其正中装饰了岭南艺术的重要代表——陶瓷"广钧"。这种陶瓷釉质温润如玉，分别悬挂在大堂和大堂吧顶棚中心，总面积约250平方米，是国内酒店中最大的陶瓷悬挂装置艺术品，充分展现了岭南传统艺术与现代工艺相融合的风貌。

大堂吧室内绿植

大堂吧空间

工艺品"岭南醒狮"

木雕《岭南八景》——打造具有广州岭南地域文化特色的标致角落

木雕细节

五星级酒店的大堂吧垂挂的装置作品《岭南佳景》，由木雕工艺大师结合现代铂晶材质精心定制，凸显"琉翠精雕，聚贤阁堂"的韵味。作品的 6 条木雕代表岭南 6 个独特景观，整体创作手法汲取岭南传统建筑的精髓，展现骑楼廊柱、拱券等建筑结构元素，述说着古老的故事与深厚的文化底蕴，为观者营造一种穿越时空的独特美感。

金属装置画《珠水粤韵》

金属装置画《珠水粤韵》

金属装置画《珠水粤韵》作品位于五星级酒店大堂团体接待入口，以"画卷"形式为载体，将可园、清晖园、梁园、余荫山房等传统建筑与羊城八景图通过珠江水串联，以穿插、叠加的构图手法，既表现出岭南园林层峦叠嶂的感觉，又凸显珠江水在历史文化长河中对岭南文化的滋养。作品材料采用金属薄片十字编织工艺，经过不断上色、打磨、提色、防腐蚀、固色、封漆等多重工艺步骤，实现画面中近、中、远景各层次的肌理和色彩，让作品完美地展现"云中院，院中景"的主题。

大堂吧休息区

大堂吧空间细节

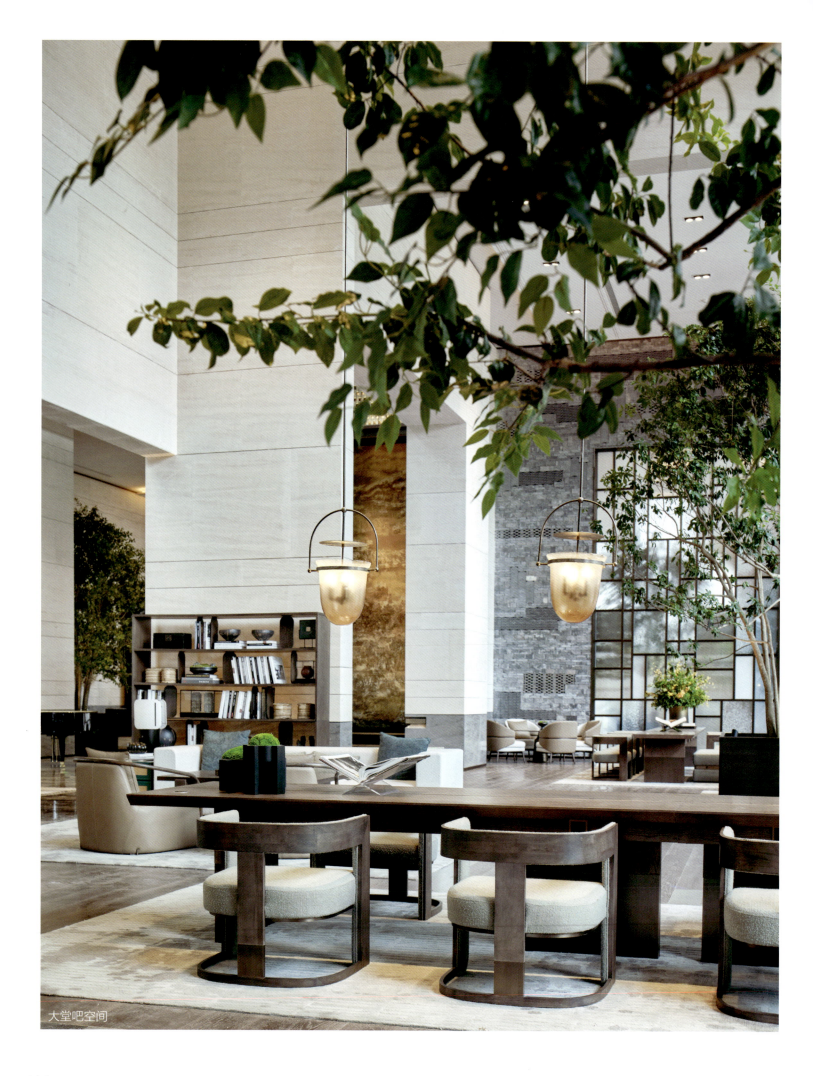

大堂吧空间

五星级酒店的室内空间充分展现了岭南青砖古巷的独特风情。大堂和大堂吧巧妙运用了青砖、瓦片和防水卷材等材料,通过材料的粗犷肌理、独特纹样以及自然色彩的变化,打造出错落有致的漏窗曲廊,将浓郁的园林气息带入现代室内空间,使宾客在享受现代舒适的同时,也能感受到传统文化的沉淀。

大堂吧

团体接待大堂休息区

在岭南园林的古老诗篇中，传统奇石的形态与现代金属在时空中跨越千年相逢，现代金属材质以其独有的坚韧与冷峻，与传统岭南园林的奇石形态交织出崭新的美感，两者的碰撞和融合创造出了一种全新的视觉体验。

全日制餐厅现代雕塑《庭院奇石》

2　餐饮区

　　五星级酒店的全日制餐厅，采用岭南本土材料，精致的琉璃、厚重的青砖和细腻的木雕，营造出独特的岭南园林氛围。空间布局使宾客犹如步入由青砖铺成的小径，蜿蜒穿行于芳香四溢的花园之中，宾客在这里不仅可以享受美食的乐趣，还能感受到置身于岭南园林的奇妙境界，徜徉在花香和绿意之间，体验宁静与优雅的完美融合。

全日制餐厅

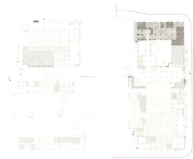

五星级酒店中餐厅的设计灵感源自清晖园的亭台楼阁，巧妙地将这些独特的建筑元素融入其中，再现了古墙漏窗曲廊的粤韵景致，融合了当代风尚和东方美学的精髓，使整个空间氛围轻松、自然。宾客置身其中感受到传统与现代交融的独特魅力，仿佛步入"羊城入夜笙歌合"的美妙场景。

中餐厅空间

中餐厅包间

中餐厅空间

文华共聚 室内篇

捌 云山院景 珠水雅韵 五星级酒店

特色餐厅空间

特色餐厅包间

特色餐厅旋转楼梯

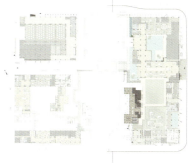

　　五星级酒店特色餐厅的设计借助藤编栏栅等具有南洋地域特色的意象，通过精确的视觉焦点塑造空间分割造型，整体效果犹如层峦叠嶂的山水画，展现出深邃含蓄、曲折多变的美感，结合古老而优雅的南洋建筑元素，为宾客带来一种置身于南洋怀旧街巷的用餐体验。

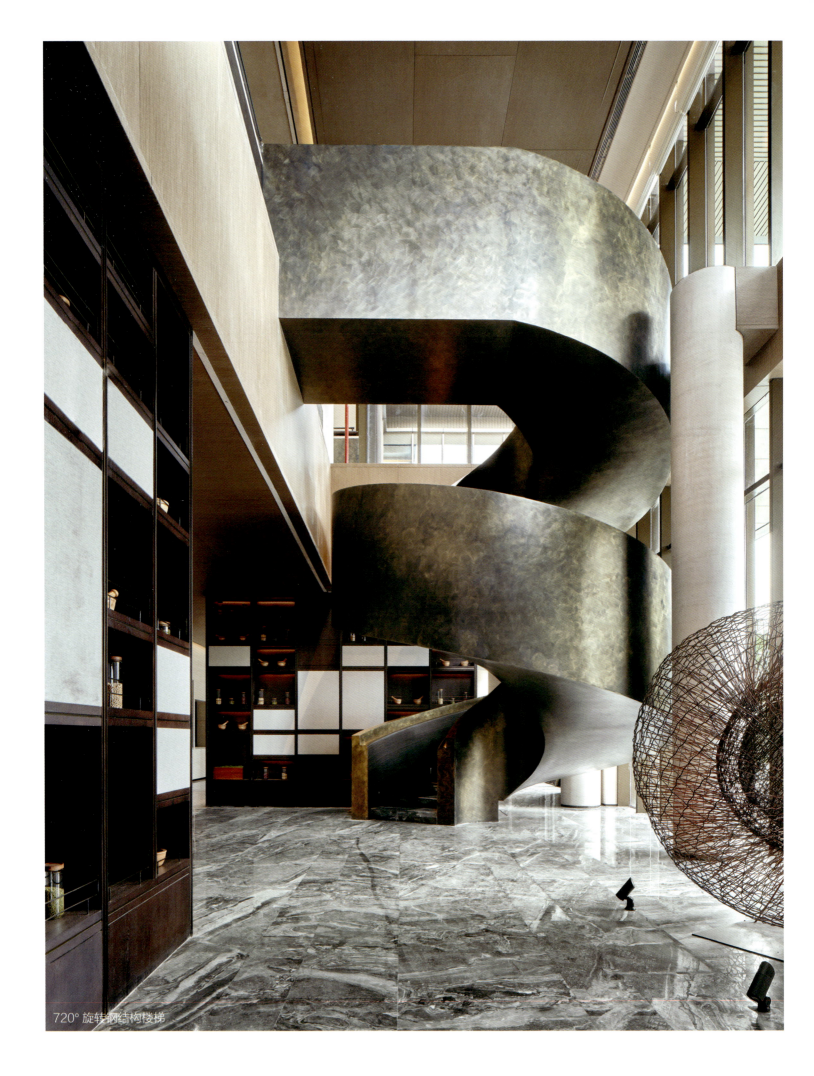

720°旋转钢结构楼梯

传统的旋转楼梯技术有不少局限性，操作繁琐且存在安装误差。因此本项目对螺旋楼梯的设计方法进行改良，提供了一种结构简单、方便安装的 720 度旋转楼梯结构。在这种设计方法的指导下，相邻的台阶之间只需错位与间隔块进行卡接，既方便了施工操作，又能避免阶梯间的误差。

这种设计方法解决了安装的复杂性，更重要的是，钢螺旋楼梯本存在受力复杂且自重较轻的问题，在人行荷载下，钢梯的舒适度难免面临考验。为此，基于对螺旋楼梯的刚度分析，从其自振频率及竖向变形阈值角度考虑钢梯结构设计，以优化人的行走体验。团队所采用的技术方案包括了支撑柱、顶盘、底盘、扇形楼梯等多个组件的协同。首先，在支撑柱上通过螺栓等距离安装间隔块，并将扇形楼梯活动套接在支撑柱上。需要注意的是，间隔块与扇形楼梯之间应保持间隔，然后再进行卡接。在扇形楼梯的外缘安装栏杆柱及弧形扶手，目的是以一体化的设计强化钢梯结构的稳定性。

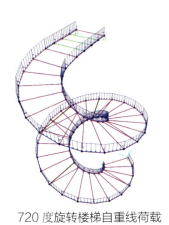

720 度旋转楼梯自重线荷载

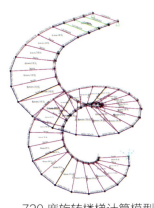

720 度旋转楼梯计算模型

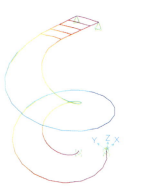

720 度旋转楼梯位移及挠度计算结果

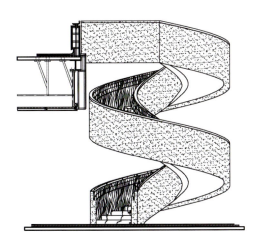

720 度旋转楼梯立面图

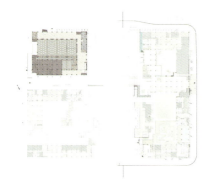

宴会中心前厅

3 宴会中心

宴会中心的室内设计巧妙地运用了铝板和浅色壁布，通过纵向线条的有序组合，充分发挥了建筑空间的开阔优势，使整个环境更加恢宏大气。

顶棚的造型设计简约而富有内涵，在没有布置宴会灯具时，空间显得典雅庄重；在需要设置宴会氛围时，又能避免相互影响和造型冲突，完美满足各种活动和礼仪的空间需求。

宴会中心艺术挂画

宴会中心宴会厅

4　康体中心

　　康体中心基于打造极致、高端的体验空间，主要突出功能性。泳池布局工整，接待区点缀了一个独特的不规则工艺品，呈现一种既有活力又能放松的沉浸感。墙面结合现代设计元素和技术，整体营造亲近自然的感觉。

康体中心前厅接待台

康体中心游泳池

康体中心前厅

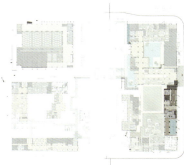

文华共聚 | 室内篇

捌 云山院景 珠水雅韵 五星级酒店

行政酒廊服务台

行政酒廊公共区域

5 客房区域

五星级酒店行政酒廊位于客房区域 11 层。设计巧妙地融合了现代与经典元素，深色地面的沉稳与白色墙面的清新相互映衬，点缀木饰面的细腻质感，三种高品质材料的碰撞，为空间增添了厚重与温暖，提升了空间的视觉层次感，营造出典雅而高贵的氛围。空间布局合理划分为用餐区、商务洽谈区和文化活动区，使宾客能够享受到多样化、既舒适又富有文化气息的环境。

首楼电梯厅

客房走廊

客房电梯厅

高级套房会客区

高级套房就餐区

五星级酒店共有854间客房，包括12间高级套房和47间行政套房。高级套房采用灵活的多功能布局设计，可开放也能闭合，适应多样化的使用需求。空间设计展现了岭南文化特有的内敛与和谐之美，客厅区域宽敞明亮，占据了空间优势。在立面设计上，选用岭南传统艺术中象征吉祥的图案，通过将现代材料巧妙地融入墙面造型中，增强了整体的文化内涵和审美价值。在细节处理上，如雕刻、镶嵌和雕花技艺，展示了岭南文化的独特魅力，为宾客打造出雅致和舒适并存的居住体验。

高级套房书房

高级套房卫生间

行政套房会客区

行政套房卧房区

行政套房卫生间

行政套房休闲区

文华共聚 室内篇

五星级酒店行政套房的设计通过深、浅的颜色对比，深色木饰面带来稳重感和华贵感，浅色墙布则增添了清新柔和的氛围，两者巧妙的比例搭配使空间色彩达到完美的平衡，结合窗外的美景和引入的自然光线，打造出轻盈明亮的空间。家具设计中巧妙地融入岭南画派的淡雅水墨风格，借鉴了自然与艺术中的色彩搭配，创造出既和谐、又具有地域特色的视觉效果，提供了既舒适又富有文化内涵的居住体验空间。

捌 云山院景 珠水雅韵 五星级酒店

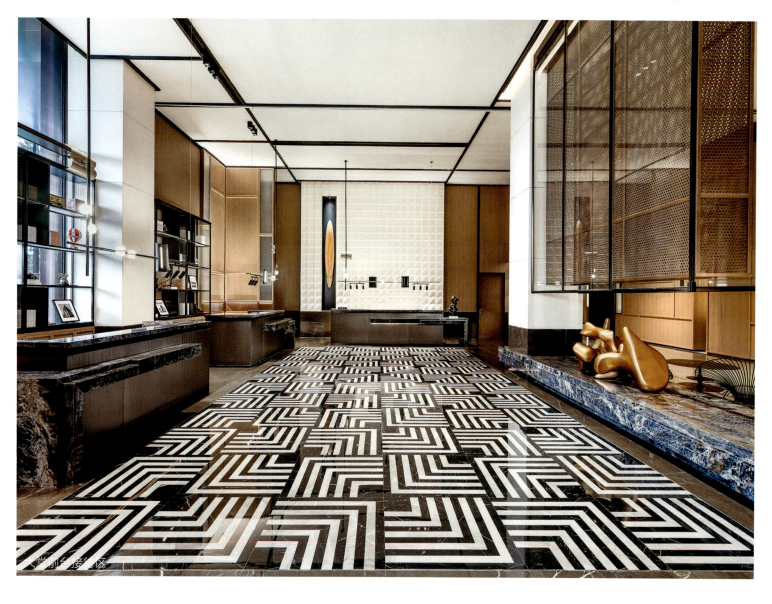

玖 行商庭园 东意西境
四星级酒店

1 酒店大堂、大堂吧

四星级酒店以中西交融、典雅之作为主题，将东方韵味与西方风格以现代手法精致演绎，展现了岭南地区的开放、包容精神。整体酒店室内设计灵感源自行商庭园和西关大屋的建筑风格，并将其巧妙地融入空间叙事中，营造出流动之美。酒店大堂、大堂吧展现了广州古城的美丽景色；壁画、雕塑、灯饰等装饰元素融入设计中，在宁静中透露出细腻的情感，展现出独特的艺术品味，感受着别样的温馨和浪漫。

大堂吧装饰间隔

大堂吧空间

大堂挂饰

大堂空间

在四星级酒店大堂及大堂吧设计中,将"古韵广州,穿街走巷,羊城时光"这一主题融入其中,在装饰和陈设中融入广州的元素,展示了广州独特的时光印记,为宾客呈现一场身临其境的文化体验。

2　餐饮区

四星级酒店的全日制餐厅设计充分融入广式餐饮文化的独特元素，见证这座繁华都市深厚的历史文化底蕴。就餐区内悬挂的巨幅陶瓷挂饰，泼墨山水画的题材展现了独特的岭南风物，每一件陶瓷挂件都经过多道传统工序的打磨和烧制，釉质和色彩完美结合，不仅是装饰品，更是岭南文化与艺术的象征，彰显设计对细节和品质的极致追求，使宾客在享用美食的同时，欣赏到高雅的艺术作品，无疑是一次视觉与味觉的双重盛宴。

全日制餐厅就餐空间

全日制餐厅入口空间

全日制餐厅内景

全日制餐厅工艺品

中餐厅前厅接待区

中餐厅私密就餐空间

中餐厅艺术间隔

中餐厅中心就餐空间

中餐厅开放就餐空间

四星级酒店中餐厅的设计以"灵秀广州，琉璃花窗里，雕栏画栋"为主题，在装饰和摆设中加入广州文化元素，如岭南花鸟图案、传统建筑中常见的琉璃花窗、西关大屋建筑特色等，提取线段并简化，创造出中式禅意的餐饮空间。同时，还将这些元素融入装饰材料中，以精美的工艺点缀空间，营造出融合传统与现代、文化与美食的独特体验。

茶室空间

3 茶室

曾有诗人写道："绿树村边合，青山郭外斜。开帘即风雨，闲对即沧霞。"茶室如绿树村边，与青山郭外相映成趣。拉开帘子，风雨交加，轻抿一口茶，闲坐望着窗外的沧霞，心境恍若置身自然之中。

茶室空间局部

户外茶室空间

文华共聚 | 室内篇

怡心清神，品茗共赏之雅致空间。茶室以行商庭院的山石为意象，结合粗犷的质感和满洲窗的色彩，展现岭南的质朴与张力，营造灵动的茶室空间。

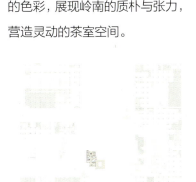

玖 行商庭园 东意西境 四星级酒店

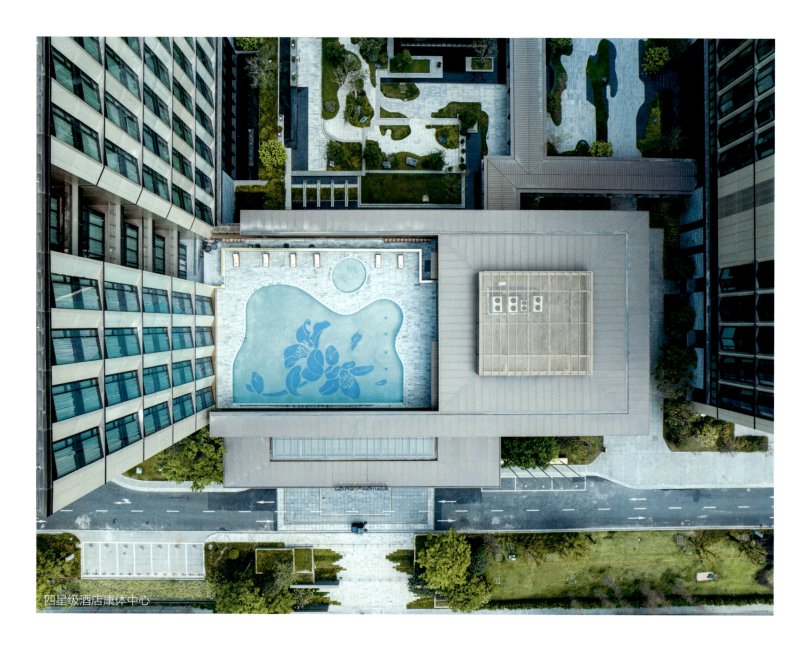

四星级酒店康体中心

4 康体中心

位于四星级酒店二层天台的游泳池，以木棉花为主题，池底设计了一株红棉，枝干缀满艳丽而硕大的花朵，凸显了广州市花的特色，如火如荼，耀眼醒目，姿态婀娜，极为壮丽，象征着羊城的蓬勃生机。水面倒映着建筑的轮廓，与天空相映成趣，营造出一种现代与传统相融合的独特景致。泳池周边设计简洁大方，与现代建筑相得益彰，居住在酒店的宾客向下俯视，透过清澈的水面可以欣赏到建筑的简约线条和木棉花的绚烂，感受到城市的活力和独特魅力。

室外泳池

5 客房区

四星级酒店客房共 350 间,其中有 10 间套房。客房内装饰恰如其分地运用具有南洋风韵的蓝色,大胆选用了黑色线条,灵感来源于传统西关大屋最经典的趟栊门,通过提炼成为床靠、灯具、镜框的点缀,结合以岭南风物为主题的黑白艺术挂画,为房间注入一份古朴典雅的氛围,西关的历史文化与南洋的独特风情完美融合,呈现出一幅兼具传统韵味和现代气息的画卷,为客人带来一场南粤风采的文化体验。

客房休闲区

标准客房

客房家具细节

大堂吧空间

拾　时尚雅集　岭南风华

特色公寓酒店

1　酒店大堂、大堂吧

特色公寓酒店主要表现"年轻、活力、创新"的设计理念，整体色调轻松明亮。酒店大堂及大堂吧以色彩清新、晶莹通透的玻璃砖相间组合成大型艺术造型墙，凸显年轻时尚、轻松务实的特性，营造自然舒适的空间感受。

酒店大堂

全日制餐厅空间就餐区艺术挂饰

2 餐饮区

全日制餐厅空间中式就餐区

全日制餐厅空间西式就餐区

3　客房区

　　特色公寓酒店共 401 间客房，其中套房 23 间，公寓式酒店的最大特色是每层均设共享客厅，整体 22 间合共 3620 平方米的共享空间。各空间突出绿色、自然的设计理念，均采用浅色木饰面和棉麻质感的家具面料，营造轻松感、休闲感，住客可随时调用酒店设备进行社交、会议及派对，无需牺牲私人空间却能享有充足的舒适感和便利感，凭借新颖的理念鼓励住客健康起居、寻找灵感，从而收获商务长住旅客的青睐。

客房区公共空间

客房区共享空间会客区域

客房区共享空间厨房区域

套房就餐区

套房客厅

套房厨柜

套房卫生间

标准客房洗手间

作为长租公寓,设计核心在于创造一个功能多样、舒适宜人的社交空间,如咖啡吧、阅读区等,方便住户进行小规模的互动和交流。空间布局注重功能与舒适的结合,开放式的设计理念,强调人与自然和谐共生,室内通过合理的色彩搭配、灯光设计和装饰品选用,营造出宽敞、明亮且富有生机的居住环境。

标准客房书写区

套房卧室区

标准客房阅读区

文华共聚 室内篇

拾 时尚雅集 岭南风华 特色公寓酒店

附 录　Appendix

附录一
建设历程

总历时：18 个月 .... 2020—2021 年

2020 06/08 月
基坑支护
桩基础
土方开挖

2020 09/10 月
地下室封顶

2020 12 月
塔楼悬挑段作业完成
塔楼主体全面冲刺

2021 01/02 月
主体结构全面封顶

2021 03 月
外架拆除
机电 / 幕墙 / 装修
全面穿插

2021 04/11 月
幕墙工程
机电工程
精装工程

2021 12 月
提前 4 天完成竣备
客房全面移交

2020.06.03
项目开工。

2020.08
塔楼二次土方开挖、塔楼底板结构及裙楼土方开挖工作同步开展。

2020.09
塔楼底板陆续完成，塔楼地下室结构、裙楼宴会厅二次土方开挖及承台底板工作全面开展。

2020.10
塔楼主体结构、裙楼地下室结构全面展。

2020 年 06 月   **2020 年 08 月**   **2020 年 09 月**   **2020 年 10 月**

2022 年 01 月   **2021 年 12 月**   **2021 年 11 月**   **2021 年 10 月**

2022.01.01
酒店开展试住活动，完成酒店满负荷试运营压力测试。

2021.12.20
机电工程调试完成。
2021.12.27
竣工联合验收通过。

2021.11.27
装修工程施工完成。
2021.11.30
塔楼单元式幕墙铝合金门窗工程完成。

2021.10
酒店装修收尾阶段，机电调试逐步启室外园林全面开展，酒店建设形象初

2020.12.11
下工程至 ±0.00 完成，塔楼悬挑作业完成，塔楼主体全面冲刺。

2021.02.06
塔楼主体结构全面封顶，二次结构、机电及粗装修同步开展。

2021.03.31
主体外架逐步拆除，机电工程全面施工，塔楼单元式幕墙首挂。

2021.04.24
屋面钢结构框架完成。

> 2020 年 12 月　> 2021 年 02 月　> 2021 年 03 月　> 2021 年 04 月

> 2021 年 09 月　> 2021 年 07 月　> 2021 年 06 月　> 2021 年 05 月

2021.09
电工程基本完成，塔楼幕墙收边收尾，外园林有条不紊推动。

2021.07.14
完成大型设备首吊。

2021.06.30
塔楼单元式幕墙吊装完成。

2021.05.10
装修工程开始施工。
2021.05.14
宴会厅钢梁首吊。

附录二
建设感言

郭秀瑾

越秀集团广州裕城房地产开发有限公司
总经理助理
国家一级注册建筑师

  距离那段高强度的项目建设已过去两年，回想起承担项目初及后的 500 余个昼夜，心中依旧未能平静。作为建设方，越秀集团秉承"好产品、好服务、好品牌、好团队"的四好愿景，携手众多志同道合的伙伴，在白云山西麓共同打造这个集东方新时代文化和岭南本土风情于一体的酒店综合体，为国内外宾客提供精致的"花城"生活体验，赢得业界赞誉。

  面对 18 个月紧张的建设周期和 20 万平方米的建设量，我们确保方案的迅速落地、专业团队的高效协作、优质材料的精选以及施工的有序进行。一份份肩负重任的方案按时提交，一个个不可能完成的任务逐一达成，凝聚了团队背后无数人的辛酸和汗水，蕴含着团队克服生理、心理极限的壮举。尽管面临极大的压力，团队始终不忘初心，坚持追求卓越的功能与品质。通过方案阶段提前预设多种运营场景，精心打磨平面设计方案，确保空间的多功能性和后期运营的效果提升；通过对八大主要观感类物料开展六个环节的管控，加快了物料确认和生产效率，确保效果还原；通过对净空高度方寸毫厘的争取，用技术保障了高大空间的营造；通过创新实施联合巡场制度，以验收的标准去把控效果，成就卓越品质。

  我们欣喜地看到，庭院中的树木在一天天成长，园林与建筑慢慢融合到城市的大景观体系中。这一刻，我们认为沉淀与总结建设成果并进行交流与分享，为城市建造更多更好的项目，是团队努力成为城市美好生活"创领者"的使命和目标。在此，衷心感谢所有合作伙伴的坚定支持与奉献，酒店群的落成为公众提供了多样性的体验，推动了新时代岭南城市生活朝着更美好的方向发展；同时，其带来的社会效益与经济效益也增强了我们在新发展阶段中探索建设业态多样性的信心，助力向新的梦想迈进！

广州白云越秀万豪复合型酒店群是广东省规模最大的酒店群，很荣幸在何镜堂院士的带领下承接该项目并担任设计负责人。酒店群的设计凝聚了华南理工大学建筑设计研究院（以下简称华工院）主创团队的巧思与心血。团队融合了城市空间的理念，提出了开放式的创新总体布局，提出"云山珠水、园聚岭南"的核心理念。在何院士的整体指导下，完成了酒店群规划、建筑与园林的一体化设计方案——园林建筑与庭院的构图、每个场景点景树木的位置，都做了具体的设计。

团队在技术、材料上也做了一系列的突破，如外墙阳极铝板幕墙、裙楼灰色麻石仿青砖的三色磨光工艺，都是现代岭南建筑的一次技术创新，同时也是一次设计行业合作的典范。华工院基于原创方案和总控机制与不同的团队合作，其中：建筑专业在华工院完成方案与初步设计后，施工图由三个单位合作，其中华工院负责全专业总控、立面及幕墙、泛光设计等，广州汉森建筑设计有限公司负责东区深化，广州城建开发设计院有限公司负责中、西区深化。通过合作使华工院集中精力完成外立面、重要空间深化与细节材料把控，保证了工程高质量按期完成。同时，普邦、怡境和CCD这几家公司，基于华工院的原创方案开展景观与室内装修深化设计工作，华工院采用方案阶段重点空间同步设计、深化阶段审核等方式，保证了原创方案意图的落地与合作团队的二次创作空间。项目也离不开业主的大力支持，最终创造了从设计到完工仅18个月的广州大型酒店建设的新速度。

酒店群建成后吸引了周边市民到此交往聚会，我们期待它的落成能实现设计的初衷，提升白云新城中轴的城市活力，并为广州建设成为国际交往中心提供战略支撑。

丘建发

华南理工大学建筑设计研究院有限公司
副总建筑师
教授级高级工程师

"珠水云山、园聚岭南"，本项目位于白云新城的核心区域，是广东省内规模最大的都市园林式酒店群。我们有幸参与了酒店群的室内设计，在与越秀集团的合作过程中，用设计和细节讲故事，让自然之美流露于每件作品中，大到一个空间，小到一个摆件，都让人感受到独一无二的气质和品位，这就是设计的共鸣。

我们相信，品质出自细节，功夫是纤毫之争。我们对于酒店室内规划设计与建筑、景观、进行了紧密的配合，包括入口落客区、酒店公共区及客房层区，从不同维度的专业技术角度考虑衡量，设计过程中的每一个细节，每一条线稿，都经过反复研磨推敲，以匠心造物，这样的空间经得起时间的淬炼，亦彰显着卓然不群的品质。从别具特色的岭南窗格元素，到室内陈列的木制家具和雕刻艺术摆件，再到地面方形纹理地毯及金属装饰和皮革材料的设计细节，处处体现了传统手法和现代手法的交汇，以空间的方式对生活进行叙事，以"品味"为产品赋能。

在这里，特别感谢业主方越秀集团的信任与大力支持，我们真诚地相信，今日的合作不仅是一个美好的开端，更将为粤港澳大湾区的发展带来不一样的惊喜！我期待双方能够借此契机建立起更为广泛、更为深入的合作，携手开创合作共赢的新局面！

胡伟坚

深圳市郑中设计股份有限公司总裁
中国十大杰出建筑装饰设计师

盛宇宏

汉森伯盛国际设计集团董事长
广州市工程勘察设计大师

作为广东省最大的都市园林式酒店群，本案在80多家单位的协同下，历时18个月，汉森伯盛有幸与业主亲历并见证其从设计、建设、落成到投入使用的全过程。

项目始终关注对岭南在地性的挖掘，其规模与高标准的定位亦成为设计的一大挑战。工期上极限压缩，全专业设计同时进行，众多参建单位在各环节上衔接紧密、复杂且精准。在关键节点过程中，近百位专业人员进驻现场，连续3个月日以继夜地对项目进行反复推敲论证。对于如此大型的酒店项目而言，如何在极高标准下平衡实用性与美观性是设计的关键，跨专业部门的沟通、整合及协调能力对项目成果至关重要，这恰恰反映出本项目的不可复制性。

在技术创新上，结构和给水排水专业对课题进行深挖。中餐厅"720度旋转楼梯结构"与全区"路面雨水回收利用系统"均迎来新的突破，后者荣获"广东省工程勘察设计行业协会科学技术奖"。衷心感谢业主的信任与支持，感谢各合作单位的倾力付出，能参与本项目，无论对团队还是对个人而言，是奋战，是历练，是坚守，更是成长。

迟为民

广州越秀建设科技有限公司
总经理
教授级高级工程师

我院有幸参与并负责项目的施工图设计工作。项目时间紧，工程量大，协调专业多等难点是我们团队面临的挑战。设计伊始，我院精心挑选精兵强将组成项目组，由总工程师和副院长挂帅统筹项目。通过驻场设计，与各参建单位紧密合作，对土建、装修、景观、幕墙、酒管等专业进行统领与协作，实现了高效沟通与协同。通过BIM技术，对项目空间效果、构造细节特别是对外立面幕墙节点进行把控，实现了细节精致、成本可控和施工可行的效果。通过技术创新，高完成度地实现了茶室为满足地保要求，采用了20米的超大悬挑。对本项目的匠心设计和精心服务体现了我院40年的设计经验沉淀和打造精品的意识。

感谢裕城公司的信任和支持，感谢项目团队的努力与付出，祝愿广州白云越秀万豪复合型酒店群再上新台阶，成为岭南文化沉浸式休闲体验的最佳目的地。

叶劲枫

广州普邦园林股份有限公司董事
教授级高级工程师

我们有幸参与到广州白云越秀万豪复合型酒店群的设计工作中，与众多的优秀同行协同共事，确为一次难得的学习和实践机会。岭南，这片古老而富饶的土地，孕育了独特的岭南园林艺术。岭南园林，不仅是一种建筑风格，更是一种生活态度和审美追求。本项目正是将这一传统艺术与现代建筑理念相结合，为我们呈现出一个既传统又现代的公共空间。走进这座现代岭南园林酒店，你会被眼前的景色所震撼。葱郁的岭南佳木、灵动的珠水长流、精致的塘边田陌，每一处都展现着岭南的地域风貌。同时，设计又巧妙地融入了岭南文化的元素，使得整个空间充满了人文的气息。而在自然与人文的背后，又隐藏着深厚的历史底蕴。

旧白云机场跑道遗址上建造园林，不仅唤起了种种历史记忆，更将其巧妙地融入酒店的设计中。自然是基础，它为人文与历史的发展提供了舞台；人文是灵魂，它为自然增添了色彩与深度；历史是见证，它记录了自然与人文的变迁与发展。三者相互依存、相互促进，共同构成了一个完整的新时代岭南园林。

我司有幸能与优秀的建筑院与景观设计院协作，共同打造出城市级的精品酒店群。我司主要负责项目的庭院设计与施工图设计工作，设计期间，我司组建了专业的设计团队积极应对项目定位立意高、工程量大、时间紧、多方协作等难点。我们通过深度研究岭南地域的文化元素和自然景观特点，将其作为庭院景观营造的设计灵感与基点，在设计阶段引入专业施工图人员进行可落地性、成本可控性等研究，施工阶段更是严格把控酒店庭院的落地效果与施工工艺，实现了在地文化、中轴景观、建筑立面与空间的完美融合。

项目的成功离不开各方的共同努力和深入合作，我司衷心感谢裕城公司对本司的信任，感谢中轴景观、建筑、室内、幕墙、酒管、土建等多方工作的建议与支持，感谢项目团队的努力。希望广州白云越秀万豪复合型酒店群再上新高度，成为传递岭南新文化的"岭南第五园"。未来我们也期待与项目其他企业之间的再次合作，共同推动精品项目的发展和进步。

彭　涛

广州怡境规划设计有限公司董事长
教授级高级工程师

我院作为广州白云越秀万豪复合型酒店群项目的全过程设计咨询总统筹单位，协调统筹了 20 家不同的设计单位，短时、高效地完成了从前期论证规模到项目竣工验收的全过程设计咨询任务，历时 573 天。在整个过程中，我院全力支持何镜堂院士团队，对标国际标准，传承岭南文化，最后在多个团队的共同努力下，打造了兼顾国家级高端商务会议的星级园林酒店群，对提升粤港澳大湾区战略竞争力有重要意义。该项目具有投资规模大、用地范围广、酒店品类繁多、项目周期时间紧、协调多单位、多部门、多专业等特点。我院临难而上，挑选精兵强将，组成 60 人的咨询项目组，进行全过程驻场服务，由总工程师和副院长挂帅统筹项目。我院采用创新式"专业技术 + 设计管理 + 项目管理"全过程设计咨询体系，建立"专业 + 管理"多效联动工作机制，专业技术优势贯穿全过程设计咨询路径形态。通过计划、组织、指挥、协调和控制，实现工程设计"5+1"（进度、投资、质量、安全、创新 + 品质）的项目目标。创新多方联动机制，联合 6 大专项咨询单位，协调 14 个专业设计单位，服务业主单位 3 大部门，为项目有序进行保驾护航，以保障项目在国内乃至国际领先。

为本项目的精心服务体现了我院 70 年的经验沉淀和打造精品的意识。感谢业主方的信任和支持，感谢项目团队的努力与付出，祝愿广州白云越秀万豪复合型酒店群成为岭南客厅和谐共融的城市新地标。

胡展鸿

广州市城市规划勘测设计研究院有限公司
副总经理
广州市工程勘察设计大师

2020 年 6 月 3 日，我们正式踏足"云珠"，组织了全专业骨干团队，在仅有一张效果图的情况下，详细模拟了整个项目的全建造过程。在越秀集团、广建监理、各设计单位及分供方的帮助和指导下，我们为了实现总工期 18 个月及质量国优的目标，攻坚克难，万众一心加油干！用行动诠释了"没有三局干不好的活"，在粤港澳大湾区续写"三局品质"新传奇。现场高峰期投入劳动力 5000 余人、管理人员 450 余人、机械设备 600 余台，各项材料满负荷投入，确保了各分部分项工程又快又好地完成：1.5 个月完成基坑支护、工程桩及溶洞处理；1.5 个月完成土方挖运；1 个月完成地下室结构；3 个月完成主体封顶；3 个月完成机电工程；4 个月完成幕墙工程；6 个月完成精装修工程。一项项看似不可思议的时间节点均完美完成，最终在 2021 年 12 月 27 日提前 4 天竣工备案，创造了新时代建设的"广州速度"。在建设过程中，我们形成了云珠精神：信心、决心、敬畏心，实干、苦干、加油干；保持"三心"，坚定"三干"，才能创造不可超越的成就！

在建设过程中，我们推行了云珠模式：基于"EPC 项目集成管理体系"及"LC-6S 精益建造体系"的创新总承包管理模式，EPC 全集成管理满足了项目在复杂环境下的管理需求；精益建造保障了项目全过程快速、优质、绿色及安全建造！在建设过程中，我们总结了云珠经验：客户至上、组织保障、后台支撑、科学管理、执行到位。五者缺一不可！来时荒无人烟地，去时琼楼玉宇立。这是我们共同的"云珠时光 2020.6.3—2021.12.27"。

曾　江

中建三局集团华南有限公司
总承包中心主任
工程项目经理

附录三
特别鸣谢

图片来源：
华南理工大学建筑设计研究院有限公司、广州汉森建筑设计有限公司：
第 013-043 页所有照片、效果图、分析图；

广州普邦园林股份有限公司：
第 014 区位图，第 015 页项目周边交图分析图，第 046-073 页所有照片、效果图、分析图；

广州怡境规划设计有限公司：
第 074-101 页所有照片、效果图、分析图；

深圳市郑中设计股份有限公司、万豪国际酒店管理公司：
第 104-155 页部分照片；

广州汉森建筑设计有限公司：
第 106-125 页部分照片；

中国建筑第三工程局有限公司：
附录一建设历程部分图片。

建 设 单 位：越秀集团
　　　　　　广州裕城房地产开发有限公司
管 理 团 队：黄维纲　李进明　李力威　刘焘　郭秀瑾　梁伟文　马志斌　汤宗翼　吴仲明
　　　　　　蔡向东　杨晓龙　项耿　肖京平　唐昊玲　谢丹　陆乾　伍仁鹏　王佳
　　　　　　钟大雅　朱娴　梁桂健　刘彬　李志东　陈建优　盘小健　丘俏静

建筑设计单位：华南理工大学建筑设计研究院有限公司
总 负 责：何镜堂
团 队 成 员：丘建发　吴永臻（项目负责）　李绮霞　罗梦豪　麦恒　陈志东（建筑）　王帆
　　　　　　牛喜山（结构）　陈欣燕（给水排水）　俞洋（电气）　黄璞洁（暖通）　耿望阳（智能化）

室内设计单位：深圳市郑中设计股份有限公司
团 队 成 员：杜志越　雷鸣　朱鑫　黄志鹏　杨蔓蔓　黄锋（方案）　刘斌斐（软装与艺术品）
　　　　　　李剑光（机电与灯光）　郑开峰（BIM）　陈丹华（标识）

景观设计单位：广州普邦园林股份有限公司（中区）
团 队 成 员：黄志华（项目负责）　王明超　吴翠毅　黄子芹　陈健乐（方案）　吴弋（园建）
　　　　　　符颖欣　郭妙婷（绿化）　陈锦尊（电气）　蔡攀（给水排水）

景观设计单位：怡境（广州怡境规划设计有限公司）（东西区）
团 队 成 员：彭涛　刘刚　陈天生　蔡阿杰　卢平　徐量（项目负责）　陈恺然（方案）　连斌（园建）
　　　　　　马春华（绿化）　谢佛森（电气）　伍家铭（给水排水）

建筑施工图设计单位：广州城建开发设计院有限公司（西区）
团 队 成 员：陈希阳　文艳顺　郝娜（项目负责）　施爱国　杨忠旭（建筑）　李光星（结构）
　　　　　　邹奇峰（给水排水）　陆仁德（暖通）　曹文（电气）　何林生（节能）

建筑施工图设计单位：广州汉森建筑设计有限公司（东区）
团 队 成 员：盛宇宏（项目负责）　盛建需　陈俊察　杨亚峰（建筑）　薛卫文　薛晓坤（结构）
　　　　　　尹过煌　余展文（电气）　胡伟洪（暖通）　李柱新（给水排水）

全过程咨询单位：广州市城市规划勘测设计研究院有限公司
团 队 成 员：胡展鸿（项目负责）　黎明　胡玲（建筑）　卢宇峰（结构）　蔡昌明（给水排水）
　　　　　　张湘辉（暖通）　伍毅辉（电气）　周志强（智能化）　陈智斌（景观）　卢颖欣（造价）

施 工 单 位：中国建筑第三工程局有限公司

监 理 单 位：广州建筑工程监理有限公司

勘 察 单 位：建材广州工程勘测院有限公司

造价咨询单位：建成工程咨询股份有限公司
　　　　　　广州城建开发工程造价咨询有限公司

结 构 顾 问：广州容柏生建筑结构设计事务所

机 电 顾 问：广州市亿创机电技术有限公司

图书在版编目（CIP）数据

云珠璀璨：广州白云越秀万豪复合型酒店群 / 越秀集团编著. -- 北京：中国建筑工业出版社，2024.8.
（广州白云国际会议中心国际会堂及配套工程系列丛书）.
ISBN 978-7-112-30253-6

Ⅰ. TU247.4
中国国家版本馆CIP数据核字第2024AU5588号

责任编辑：孙书妍　李玲洁
责任校对：赵　力

广州白云国际会议中心国际会堂及配套工程系列丛书
云珠璀璨
广州白云越秀万豪复合型酒店群
越秀集团　编著

*

中国建筑工业出版社出版、发行（北京海淀三里河路9号）
各地新华书店、建筑书店经销
北京海视强森图文设计有限公司制版
北京富诚彩色印刷有限公司印刷

*

开本：965毫米×1270毫米　1/16　印张：10½　字数：352千字
2024年12月第一版　2024年12月第一次印刷
定价：**200.00**元
ISBN 978-7-112-30253-6
　　　（43052）

版权所有　翻印必究
如有内容及印装质量问题，请与本社读者服务中心联系
电话：（010）58337283　QQ：2885381756
（地址：北京海淀三里河路9号中国建筑工业出版社604室　邮政编码：100037）